トポロジー入門

奇妙な図形のからくり

都筑卓司　著

ブルーバックス

本書は1974年4月25日刊行の『トポロジー入門』（日科技連出版社）を新書化したものです。

カバー装幀｜芦澤泰偉・児崎雅淑
カバー写真｜Getty Images
本文デザイン｜北本裕章
本文図版｜さくら工芸社

解説

本書は、初版が1974年の『トポロジー入門』（日科技連出版社）の復刻版である。

たとえば政治や経済分野などの45年前の書となると、現実の状況に合わない面が多々あって復刻版を出版する環境が整うことは稀(まれ)であろう。しかし、数学の入門書となれば話は別である。古代ギリシャのピタゴラスの定理は現在でも頻繁に用いられる定理であり、数学の定理は風化するものではないからである。

一方で、数学の研究には日進月歩の発展があり、ときどき大きな成果が発表される。「地図を塗り分けるのに、互いに境を接している国を異なる色で塗るには4色あれば足りる」という「4色問題」が肯定的に証明されたのは本書の初版から2年後の1976年であった。本書ではその問題に関して、“5色”として説明しているが、現実の状況に合わないものは何もない。

一般に数学の入門書は、大きく分けると二通りになると考える。一つは、入門部分を丁寧にかつ厳密に述べたものである。もう一つは、旅行ガイドブックのようにイラストを交えて全体像を楽しく紹介するもので、本書は正にそれである。

トポロジー（位相幾何学）を厳密に学ぶ第一歩は位相空間論入門と呼ばれるものである。円周の内部のような開集合と、円周とその内部を合わせたような閉集合から始まって、重要な用語であるコンパクトの説明に至る流れであろう。このあたりの学びに関しては、「すべて」と「ある」の言葉の用法が必須である。

トポロジーの全体像を、旅行ガイドブックを眺めるように学べる本書を読むために必須となる事柄は、主に知的好奇心である。「トポロジーとは何だろうか」という知的好奇心のある者ならば、細部の説明の理解にこだわらなければ最後まで読めるように工夫されている。

その工夫に関して、本書では目を見張る点が二つある。

一つは、生き生きした例が多くの場面で用いられていることである。数学における例は、読者に「なるほど」という気持ちをもたせることが大切である。たとえば、同じ「340×6＝2040」という式の説明でも、「花子さんは340円の弁当を6個買いました。いくらになりますか」という例に関心をもつ者はいないだろう。しかし、「遠くの夜空に輝いた花火が光ってから6秒後にドーンという音を聞いたとき、花火までの距離は何mぐらいですか」という例ならば関心をもつ者もいるだろう（音は秒速約340m）。

ここで、本書の面白い例をいくつか挙げてみよう。

当時の日本全国さまざまな地点を通る実際の片道乗車券と「一」という字が位相の観点から同じであることの説明。グラフ理論の「木」の構造をタテ社会の人間関係で説明する部分。直観的には当然であっても、数学ではその部分の説明が大切であることの意味を説明する部分。トポロジーとは別の幾何学的な題材をいくつか挙げてトポロジーを説明する部分。正方形に描かれた特定の曲面に慣れるために、その面での詰将棋問題を述べる部分。メービウスの帯は「できそこないのねじり鉢巻き」とも言えるが、その意義を説明する部分。かき回したコーヒーや台風の目から入って、本丸の伸縮自在なゴム膜による「不動点」を説明する部分。等々。

本書の工夫に関して目を見張るもう一つの点は、興味・関心を高めるための「数学話法」ともいえる文体が全体を通して見受けられることである。私自身はかねてから、国語の「教育話法」に相当するような、数学を説明したり指導したりするときの話法の必要性を訴えてきただけに、その参考書に出会った感がある。

文章において風変わりで奇妙な表現を用いれば、興味・関心をもたれるかも知れない。しかし、それは一瞬のことであって長続きするものではない。印象に残り長続きするものは、やはり読者の視点に立って、すなわち読者の現在位置を常に模索しながら述べる文章が第一の要素になるだろう。さらに、題材の意外性に強弱感を示すことによって、文章に抑揚感をもたすことも大切だろう。

本書はそのような、数学書としての興味・関心をもたれる文章術の参考書と思われる面が多々あるので、数学を教える立場の方々にとっても学ぶ意義が十分にあると考える。

最後に、本書の読み方に関する私なりのアドバイスをしよう。およそ専門的で厳密な数学書を読む場合は、一歩ずつ読み進めることが大切で、分からない点はよく考えて解決してから先に進むことが大切だろう。

しかし、本書のように「良きガイドブック」の色彩が強い書に関しては、そのような読み方はあまりお勧めできない。分からない点がいくつか現れることはむしろ普通であり、その都度ずっと立ち止まるのではなく、とりあえず述べてあることを「点」として記憶に留めておくのである。その後、適当な時期にもう一度読み直したり、その「点」のあたりを詳しく説明してある専門書を読んだりすると、今度は線あるいは面としてしっかり理解できることがよくある。

そこが数学などの学びとして面白いことで、人間の脳が解明されていない不思議な部分ではないかと考える。分からなかった点を記憶に留めておいたからこそ、もう一度読んだり専門書を読んだりしたときに理解できるのであって、分からなかったという記憶が役立っているのである。

本書を一読して、トポロジーに興味・関心をもっていただければ幸いである。

芳沢光雄
（桜美林大学教授）

まえがき

「ぼくのお兄さんはトポロジーを勉強しているんだ」と子どもが言いました。さて、この子のお兄さんはどんな学問をしているのでしょうか、つぎの中からどうぞ。経済学、数学、文学、……。

これはテレビの、一般むけクイズの問題の1つである。正確にいうと、クイズの問題の候補の1つであり、実際に放送されたかどうかは、私は知らない。

少し古い話になるが、毎日放映されているクイズ番組の担当者から、私は出題を依頼されていた。自然科学系の非生物部門に関するものを、月に100題以上定期的に放送局に郵送し続けた。クイズ問題も、10や20なら誰にでもわけなくできる。しかしこれをコンスタントに製作（製造とでも言った方が、感じがピッタリするが）するとなると、なかなかの難事業である。1年も続けていると、どうしてもネタ切れになってくる。しかも、科学問題でありながら主婦有利（ということは、学生が有利にならないように）という注文であるから、話はむずかしい。そんなことから、いささか苦しまぎれに製造（？）したのが、さきの問題である。

トポロジーという言葉は、専門語ではあるが、かなり一般に浸透しているのではないか、と私は判断したのである。テレビ局では集まった各種の問題の1週間ぶんを、1日がかりで厳重にチェックする。すでに出題されたもの、むずかしすぎるもの、表現のあいまいなもの、条件設定の不十分のもの、解答が幾通りにも考えられるもの……などがふるい落とされる。

トポロジーは、おそらくは「没」になったのではなかろうかと思われるが、しかし現在ではある程度、人々の口にのるようになったことも確かである。現に中学3年生の数学の教科書には、「図形のつながり」などの題で、ゴムに描かれた形その他の学習がなされているが、その内容はトポロジーである。正確に言えば、グラフ理論および狭義のトポロジーの基礎知識ということになろうが、とにかくマルと三角とが同じだとか、立方体と球とは同等にみなすことができる……などという思考形態は、年配の方の学問的履歴の中には（それを専門とするごく少数の人を除いて）なかったはずである。

こんなこともあって、本書は中学生およびその課程を履修されて、さらにそれ以上の学修をされている方や実社会に活躍する人たちに、トポロジーの内容の基礎を紹介するとともに、子息を持たれる親ごさんたちに、マルと三角とがなぜ同じか……という、最も基本の問題を解説することに意を用いた。どんな定理が成立するか、ということももちろん大切だが、それ以前の問題として、トポロジーとは何であるか、なに故(ゆえ)そのような奇妙な図形のカラクリを考えなければならないのか、の疑問に直接にぶつかることにした。さらに僭越(せんえつ)ではあるが、教壇にあって子弟たちに「奇妙な図形」を教えられている先生がたにも、いささかなりとも参考になれば幸いである。

おわりに、門外漢の私に、執筆の機会を与えてくださった渡辺茂先生はじめ、このシリーズに筆をとられた諸先生および日科技連出版社の担当のかたがたに、深く感謝いたします。

昭和49年3月

都筑卓司

目次

1 乗車券のはなし

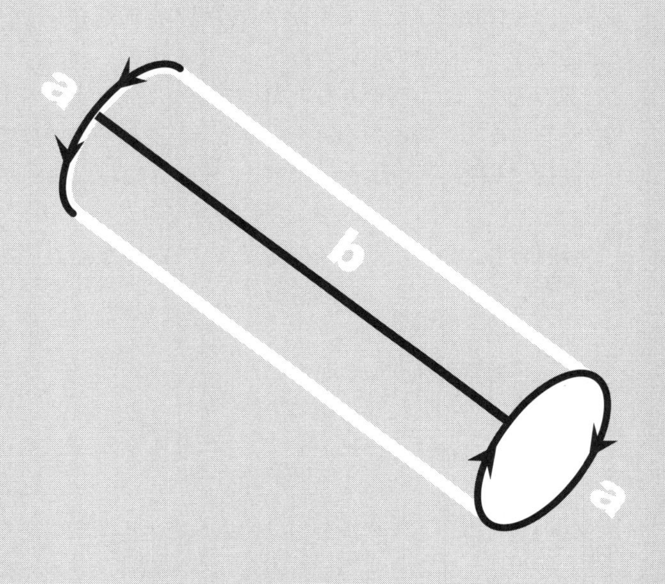

旅愁

小諸なる古城のほとり
雲白く遊子(ゆうし)悲しむ

島崎藤村の詩碑のある懐古園は千曲川を見おろす城跡にある。園内にはいたるところに古びた石垣が残って、何世紀もの年を経たとおもわれる苔がまつわりついており、老いた樹木は、何代かにわたって栄えたこの城の面影をわずかに語り伝えている。灰色の都会からやってきた人たちは、澄みきった空の色や、灌木(かんぼく)の茂みや、山麓を縫って流れる川の水やむきだしになった河原の小石をみたとき、やはり自然はまだ生き続けている……という感じを十分にあじわうことができる。

藤村はこの地で28歳から34歳までの7年間を過ごしたといわれているが、さらにその詩は

緑なす蘩蔞(はこべ)は萠えず
若草も藉(し)くによしなし
しろがねの衾(ふすま)の岡辺
日に溶けて淡雪流る

と続いている。

この懐古園のある城址公園は信越本線の小諸駅のすぐ近くにあるが、ここに立ち寄ったのち、小海線に乗り換えて佐久盆地を南下していけば、列車はやがて高原にさしかかり、内地には珍しい広い風景が車窓に展開してくる。野辺山あたりで途中下車して、地平線の見えそうな雄大な原野を散策すれば、前日までの都会の喧噪(けんそう)は嘘のように忘れ去ってしまうだ

ろう。小淵沢まで来て中央本線に乗る。下り列車で西に走ることになるが、たとえばその途中の茅野(ちの)で下車して、北の白樺湖で遊んでみるとか、あるいは逆に南に登って杖突(つえつき)峠から目の前に広がる諏訪盆地を眺めるのもいい。

中央本線の列車は塩尻から松本方面へ（つまり中央東線から篠ノ井線へ）入るのがふつうであるが、塩尻で乗り換えて中央本線をさらに西下していく（こちら側を、俗に中央西線とよぶ）。寝覚の床を右側に眺めたのち、ふたたび藤村にゆかりの地に来るが妻籠(つまご)なら南木曽(なぎそ)駅、馬籠(まごめ)に行くには中津川駅からバスに乗ることになる。妻籠をはじめ中山道の古い宿場町は江戸時代のおもかげを残して、訪れる人たちに変わらぬよきものへの愛着を抱かせる。ひとり、旅の宿に泊まって窓べの古い手すりに寄りかかり、西の山に沈む夕陽を眺めているとき、そこはかとない旅情を感じるものである。

西のはてまで

この旅行は信州だけで終わるわけではない。某年某月に某君のたてた長い旅行スケジュールの一部にすぎないのである。某君は日本を縦断できるほどの長い休暇をとることができた。彼は鉄道マニアであり、どちらかといえばユックリズム賛成派として、幹線鉄道よりも辺鄙(へんぴ)なローカル線に興味をもっている。この際、おもいきって国鉄を利用しての長距離旅行を計画したのである。出発点は東京、最終点は下関だが、その経路は図1.1をみて理解していただくのが手っ取りばやい。

木曽路を経たのち中央本線から高山線に移るわけである

図 1.1　東京から下関までの長距離旅行

が、多治見からは太多(たいた)線を経て美濃太田に抜ける。こうすれば名古屋や岐阜を通らなくてもいい。沿線に中山七里の渓谷を望みながら下呂温泉を過ぎて飛騨の小京都高山に行く。その後、富山から折れて金沢の古い町なみを見て歩き、敦賀からは小浜線に入って三方五湖とか蘇洞門(そともん)とかに遊び、宮津線では天の橋立を見物して（ただし、東舞鶴と西舞鶴との間は舞鶴線である）、山陰本線で鳥取まで行って砂丘を眺める。因美線で東津山まで南下し、美作(みまさか)の中心地津山の城跡を歩き、姫新(きしん)線、伯備線を利用して再び日本海側の米子に入って、ここで一度下車し、バスで大山寺に詣でる。

小泉八雲で知られた山陰の町松江を散策したのち、宍道(しんじ)駅から木次(きすき)線で南にくだって、備後落合からは芸備線で広島に抜ける。途中の三次(みよし)盆地の朝霧などは有名である。岩国の錦

西日本への旅。東京を皮切りに，迂回経路をたどりつつ旅する心のなごやかさ。南に北に列車は走り，あるいは山峡を，ときには古都を，さらには広大な展望を眼下におさめやがて下関に到着する。しかもその間，経路は1本であり交わることがない。

帯橋などを見物するのも1つの方法だが、とにかく山陽本線で小郡まで行き、山口線に乗り換えて山口、津和野などに途中下車し、最後は山陰本線で下関まで走る。その間に萩の武家屋敷や青海島の奇岩も見物のスケジュールに入れてある。

東京から下関までのこの曲がりくねった行程の距離は1,972キロ、これを西鹿児島から国鉄の本線経由で伸ばしてみると、東京を通り抜けて東北本線の小牛田（こごた）駅（宮城県）までと同じになる。運賃は値上げ後の価額では6,500円ほどかかる。

西鹿児島発小牛田ゆきなら6,500円でいいが、図1.1のような妙な経路をたどったとき、同じように6,500円で買えるのか。運賃の方はともかくとして、こんな変わった経路の乗車券を発売してもらえるのか……と疑問に思うひとがあるかもしれない。

国鉄のサービスに対してはいろいろな批判があるが、少なくとも乗車券の発売については、図1.1のような複雑な経路であっても、これを「通し」の切符として売ってくれるはずである。もう少し正確にいうなら、お客が図1.1のような乗車券の請求をしたときには、国鉄側は発売の義務をもっているのである。しかもこれは片道乗車券になる。こうなってくると、国鉄の乗車券とはなにか、片道切符とはどのように定義されるものなのか……ということが問題になってくる。このへんのところをもう少し調べてみることにしよう。

片道乗車券

国鉄を利用してA駅からB駅まで行くのに、われわれは必ずしも最短距離を経由していくとはかぎらない。待合せの時間、急行や特急が走っているかどうか……などの諸条件により、ときには遠い方の経路をとることもある。たとえば東京から大阪までは、新幹線を別にすると、東海道本線が最も短いように思っている人が多いが、これは違う。関西本線経由の方が距離は短いのである（東海道本線で名古屋・大阪間が190キロ、関西本線で名古屋・湊町間が175キロ）。しかし、特別に路線を指示することなく、「大阪まで」と言って買えば、東海道本線経由の切符を売ることが習慣になっている。つまり、片道乗車券というのは必ずしも最短距離を意味しないわけである。

　ということになると、もっと複雑な経路をたどっても、とにかくA駅からB駅に行くのなら、これを片道乗車券とよんでもいいではないか、同時に法的にも（つまり運賃や通用期間を計算するうえにも）片道の場合と全く同等に扱っても差し支えないではないか……という論法が成立しそうであるし、事実そのとおりになっている。旅行者は、最終目的地以外の場所にもいろいろと用事のあることが多いが、こんな場合には当然迂回経路をとることになる。図1.1はその極端な例であるが、下車ごとにいちいち切符をコマ切れに買う必要はない。東京都区内発下関ゆきの1枚の乗車券でことたりる。

　ただ気を付けなければならないのは、A駅からB駅に至る経路の中にクロスした点があってはいけない。いわんや1本の路線を、たとえひと駅区間でも2度通るようなことがあってはならない。図1.1はずいぶんまわり道をしているが、一目見てわかるように完全に1本の線になっている。

　費用さえいとわなければ乗車のたびに切符を買っていてもかまわないわけであるが、国鉄の運賃はよく知られているように逓減（ていげん）式になっている。昭和49年後半では600キロまでがキロ当たり5円10銭、それを越すとキロ当たり2円50銭に減少する。東京から旧東海道本線を西下すると、600キロは神戸の少しさきの垂水（たるみ）駅付近になる。要するに神戸あたりまで行くのだったら、下車ごとに買い換えてもそれほど損はないが、もっとずっと遠くにまで旅行する場合には、「通し」の切符のほうが経済的……ということになる。さきほどからしきりに通し切符（つまり片道乗車券）にこだわっているが、本音はこんなところにある。

乗車券を大別すると2種類になり、すべての文字が印刷されていて発売の日付だけを器械で打ち込むものを常備乗車券といい、いまひとつ、行き先や経由駅、さらには通用期間や運賃などを係員が黒インクで記入する余地を残してあるものを補充乗車券とよぶ（もっとも車掌の携帯する補充乗車券には、記入式でなく入鋏（にゅうきょう）式のものもある）。図1.1のような場合には、当然補充乗車券の特別あつらえになるわけであるが、切符の表側だけではたりずに、裏面にも経由駅がびっしりと書き込まれることになるだろう。ただしこんな切符を、行列をつくっている駅の出札口に頼んでも、とてもまともにはとりあってもらえまい。交通公社にでも行って、たんねんに係員に説明する以外にてはなさそうである。しかもなるべく暇な時間をねらって行かなければならない（とはいうものの、公社の受付などは、いつ行ってもさながら戦場のような混雑ぶりではあるが……）。とにかく、こんなふうに大分気をつかうことによって、めでたく片道乗車券が誕生することになる。

鉄道マニアのために

A駅からB駅まで、たとえそれがどんなに曲がりくねっていても交点がなければ片道乗車券である……と述べてきた。そうしてこのような意味での「片道乗車券」という図形的な概念が、これからおいおい説明していこうとするこの書物の基本的な考え方になるのであるが、残念なことには国鉄でいう片道乗車券とは、もう少し広い意味に解釈されているのである。このままでは鉄道マニアのかたからのご指摘があるかもしれないから、少し補足しておくことにしよう。

図1.2の最初のものが、これまでに説明してきた蛇行形片道乗車券になる。ところがそのつぎのグラフのような出発駅と到着駅とが同一のものも、片道乗車券と同じような運賃計算になる。たとえば東京から東海道本線で米原まで行き、北陸本線、信越本線、高崎線などを経由して東京に戻る（あるいは、以上の経路を逆にまわる）場合がこれに相当する。東京駅には、この路線に対する常備の切符まで用意してある。長方形のふつうの大きさの固紙に、東京都区内発・東京都区内ゆきと印刷されており、経由路線が小さな文字で書かれている。東京から金沢方面へ往復するひとが、「ゆき」と「か

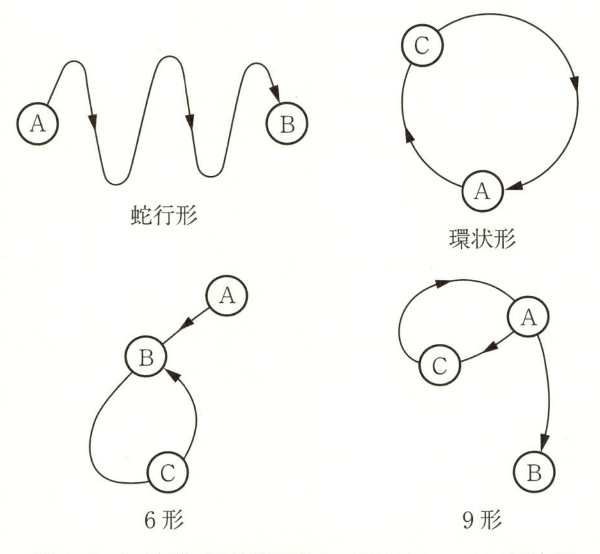

図1.2　9形だけは片道切符にならない，C は経由駅

えり」とで別の経路をたどる……というケースが多いのではなかろうか。もちろん運賃は、往復切符よりも割安になる。

東京から東海道本線で米原まで行き、ここから北陸本線で富山まで北上し、高山線を利用して岐阜に至る場合も同様である。つまり東京都区内発、米原、金沢、富山、高山経由の岐阜ゆきというのは通し切符（片道乗車券）になる。図1.2の6形というのがこのタイプである。

それでは6形の逆まわりはどうなのか。岐阜、高山、金沢、米原とまわり、再び岐阜を通過して東京方面へ行くのは……国鉄は通し切符としては認めていない。これはグラフ的には9形になるが、9形は片道切符にはならないのである。この場合には環状のなかのどこかで区切って、買い換えなければならない（実際には、岐阜の1つ高山寄りの長森で切るのが最も経済的になる）。

なぜ6形はよくて、9形は認められていないのか。著者には本当の理由はわからないが、6形なら不正乗車をしにくいが、9形の乗車券を発売したら乗客がこれを利用してキセルをするかもしれない……と国鉄当局が判断しているのではなかろうかと考えるのは、下司のカングリというものであろうか。

このほか片道乗車券についての規約は、連絡船や国鉄バスがその間にはさまっても、距離は鉄道路線のたし算になるとか、東京から仙台方面に行くのに、常磐線を経由しても、運賃は短距離の方の東北本線で計算するとか、いろいろややこしい規則があるが、これ以上の事柄は省略することにして、図1.2の最初の蛇行形（今後これを狭義の片道乗車券とよぶことにする）に話をしぼることにしよう。環状や6形のものは、運賃的には片道になるが、常識的な意味で片道とよぶのはおかしいから、除外することにする。また「東京都区内」「札幌市内」「横浜市内」などは、201キロ以上離れると、それぞれ1点に近似されてしまうが、今後の話には関係ない。

一の字のなかま

狭義の片道乗車券の路線が描くような図形を何とよんだらいいだろうか。線、あるいは曲線……ではあまりに漠然としすぎている。眼鏡形の8の字でも、2本棒の「こ」の字でも曲線という概念の中に入ってしまうから、もう少し限定的に言ってやらなければならない。有限な長さの、交わることのない1本の線……とでも言えばほぼ完全だが、これではいささか言葉が長すぎる。要するに、片道乗車券のグラフを総括的に表現する単語は……まだないのである。なくては困るから、何とかしなければならない。

「く」の字形のものも、「つ」の字形のものも共通であるとみなして、その共通なものの言葉をつくろうというのがさし当たってのねらいであるが、一見全くかっこうの違うものを共通と考えるところに無理がありはせぬか……と思われるかもしれない。無理かどうかということになるとこれは個人の考え方の問題になるが、そのへんの議論は話の進行にしたがっておいおいすることにし、ここではとにかく片道乗車券のグラフを理解することに努めよう。

われわれは**線分**という言葉および概念を知っている。片道乗車券の方は一般には曲がっているから線分とは違うが、考えてみれば線分という単語も総括的なものである。線分などといわれると、いかにも確定的な事柄であるような気がするが、まっすぐで有限でありさえすれば何でもかでもが線分である。1センチでも5メートルでも、さらには23キロ・メートルあっても、みんな線分のなかまに入れてしまう。

だったら、曲がっているものをも抱え込んで、それらで1つの概念を形成しても悪いことはなかろう……というのがこの書物の最初の発想法である。形の違いに心を奪われるのは人間の「さが」としてはやむをえないことだろうけれども、そこをじっとガマンすれば新しい視野が開けるのではないか……と期待するのである。

精神訓話はともかくとして、狭義の片道乗車券の路線は基本的には「一」の字と共通だから、一の親類、あるいは一のなかま……などという名がわかりやすい。しかしわれわれは、単にパズルやクイズを解こうとしているのではない。非常に大がかりな数学の第一歩を踏みだそうとしているのである。ということになると、親類とか仲間とかいうポピュラーな言葉よりも、もう少し専門的な用語で正確に表現したい気がする。

いきなり結論を述べるが、狭義の片道乗車券のグラフは一と位相が等しいとか位相が同じとかいうのである。あるいは一と**同位相**、さらには位という字を抜いてしまって同相とよぶ。**同相**という言葉が最も簡単だから、今後はしばしばこれを用いることにする。ただし切符のほうにはA駅からB駅までというような向きがあるが、一と同相の図形では特に指定しないかぎり向きは考えない。

言葉の説明をしているよりも、例を挙げたほうが理解が早いだろう。片かな、平がなあるいはローマ文字の中には一と

同相のものが少なくない。列挙してみると

（片かな）　ク　コ　ノ　フ　ヘ　レ　ワ

（平がな）　く　し　つ　て　ひ　ろ

（ローマ文字、大）　C　I　L　M　N　S　U　V　W　Z

（ローマ文字、小）　c　l　s　v　w　z

大文字のIやUやVなどは、端の部分がT字型になっているようだが、これは活字の特殊性によるものであり、原則的には大文字のIも小文字のlも一本棒とみなして差し支えないのではなかろうか。なお小文字のm、nあるいはuは、筆記体では一筆で書いてしまうが、文字の一部分に枝分れ的な場所があるため一と同相とは考えられない……というのが著者の見解である。

なお、ひらがなの「の」の字は真ん中がくっつくのが正しいらしい。とすればこれも一と同相ではない。ただし、うず巻き形の蚊取り線香は一と位相が等しい。

ひらがなの「て」、「ひ」、「ろ」については、上記の表に入れていいものかどうか、著者にはよくわからない。あるいは「重なりの部分が存在している」という意見の方が正しいのかもしれない。

位相とはなにか

まえの節で、CとSとは位相が同じである……と述べた。それではこの聞き馴れない**位相**とはなにか。

位相という日本語は必ずしも数学専用のものではなく、数学とは別の意味で物理学などにも使われている。家庭に引かれている電気の線には、交流といって電流が非常な速さで交互に流れているが（東日本では1秒間に50回、西日本では60回）、この交流の理論とか、あるいは電波の研究などでしきりに位相という言葉が用いられる。このときの位相とはフェイズ（phase）という専門語を翻訳したものであり、理科系の人の多くは位相といったら、こちらの方を思いだすことが多いかもしれない。

ところがこれから本書で述べていこうとする位相は、これとは異なる。こちらの方の語源は**トポロジー**（topology）であり、まさに本書の題名そのものになっている。つまりトポロジーとは位相、あるいは位相についての数学的な研究……ということになる。

言葉の問題はともかくとして、位相すなわちトポロジーとはいかなるものか（今後位相といったら、すべて数学的なトポロジーのこととする）。

数学という学問はまず最初に言葉の定義を完全に理解して、それが終わったのちにつぎの段階に進んでいく……というのがたてまえになっている。最初の公理からつぎの定理を生み、その定理を基礎にしてそれ以上の定理を導いていく……というように、系統だてられた研究体系である。この方法を踏襲するのなら、本書ではまず最初に位相とは何か、を厳密に規定してやらなければならない。

しかし、世の中には「習うより馴れろ」という教えがある。出発点で大きな壁にぶつかったとき、その壁の前で悪戦苦闘するよりも、壁は壁として残しておいてどんどん先に進んでいけば、いつかは壁が氷解する時期もあろう……ということであろうか。むしろこのやりかたの方が現実的には具合がいいような気がする。

習うより馴れろ。「そう，そこで手を曲げ，足を伸ばし，頭は横に向けて……うむ，大分うまくなった。では海に行こう。」
ドボン，キャー，助けてくれ。

要するに、位相という言葉で始めから苦労することはないではないか、というのが著者の意見である。もし厳密に定義せよというなら「位相とは、位相空間という概念から派生した思想であり、位相空間とは各点に近傍系が定義されているところの点集合の謂(いい)である」ということになろうか。数学に強いひとならこれでもいいが、専門外の人間にとっては、難解な哲学の文章とドッコイ・ドッコイでまことにいやらしい定義のしかたである。

固い表現法は抜きにして、「コ」も「く」も「L」も「z」も同一視してしまう精神が位相だと思えばいい。のちの章で詳しく述べるが、三角形も四角形もあるいは円も同じものだとみなす感覚が位相である。立方体も四面体も球も、それらの相違を全く無視してしまうフィーリングが位相なのである。

旅行の机上プラン

かなりまえの話だが、T大学の旅行研究会の学生さんが、国鉄を利用しての最も長い片道乗車券を購入して（ただし、その途中に連絡船をはさんでもいいが、国鉄バスは除外する）、そのとおりに行動したということである。北海道に始まって九州に終わったようであったが、その経路はよほど記憶のいいひとでないととても覚えられそうにはなかった。途中で四国を通過したかどうかもはっきりしないが、おそらく予讃本線の一部などを通ったのではあるまいか。四国への鉄道連絡船は宇高だけだと思っているひともいるが、実際にはもう1つある。広島県の呉の東にある仁方（にがた）と、愛媛県の松山の北の堀江とを結ぶ仁堀（にほり）連絡船という航路が運営されている。だから高徳本線、徳島本線、土讃本線の一部（佃・多度津の間）なども全経路の中に繰り込むことが可能になる。

マスコミに紹介されて、アナウンサーに旅行後の感想を聞かれたとき、「計画は楽しいが、二度としてみたいとは思わない」と答えていた。つぎからつぎへと乗り継いで、いい加減疲れてくると、なぜこんなことをしなけりゃあならないのかと考えちゃったということである。結局、こんなプランは机上にあるうちがはな……ということだろうか。

そこで著者も、北海道内で最も長い「一」と同相の国鉄路線を考えてみた。一見すると、西南端の松前を起点として、松前線・江差線・函館本線・胆振(いぶり)線・室蘭本線・千歳線・函館本線と経由して岩見沢へ行くのがいいような気がするが、暇にまかせて計算したところによると、図1.3のように日高本線のターミナルである様似(さまに)を出発点とした方が、いくらか距離は長いようである。図からわかるように、沼ノ端のところであやうく衝突を避けてその後は北上し、南稚内から音威子府(おといねっぷ)の間は天北線を利用する。以下ごらんのようにまことに複雑に道内を走って、最終駅は広尾線の広尾である。様似と

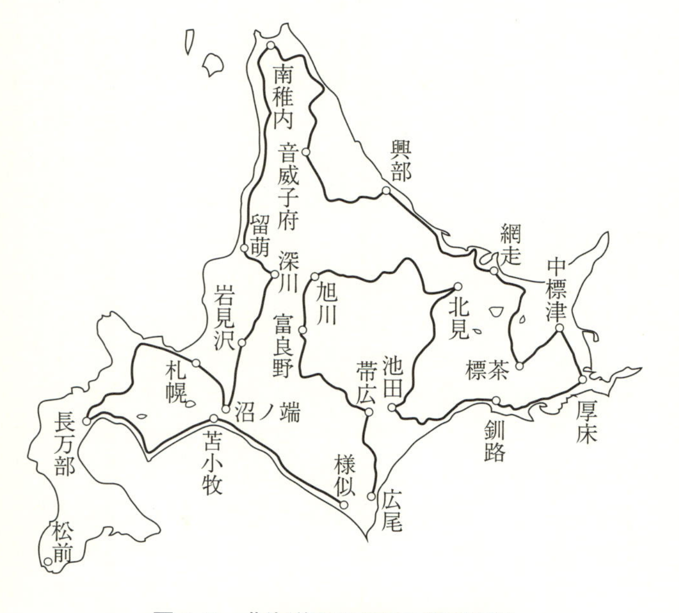

図 1.3　北海道での最長片道乗車券

広尾が非常に近い位置にあるのも、おもしろい偶然である。

ボタ山地区のトポロジー

話が脱線したついでに、いまひとつ九州の鉄道網について紹介しておこう。著者の調べた範囲では、図1.4のように大分の隣の西大分から出発して、大分の東の高城(たかじょう)に到着するのが最長路線のような気がするが、なにぶん九州の鉄道網は複雑であり、これが正解かどうかあまり自信がない。

肥薩線と山野線にループがあるが、もし幾何学的な意味での図形にあくまでも忠実であるなら、ループを含む路線は一と同相ではないことになる。しかしこのへんの事情については、そう杓子(しゃくし)定規に解釈をするのをやめて、鉄道線路の場合には途中にループがあってもそれは1本線と同等である……とみなすことにしよう。国鉄だって、途中にループがあるから片道運賃の計算ではいけない……などというばかなことはいわない。

ループはいいとして、図でみるように福岡県下に2ヵ所ほどクロス・ポイントが描かれているのが問題である。ここでの議論は、「一」と同相のものだけを対象にしているのだから、これでは話が違うではないか……といわれそうであるが、まあ待っていただきたい。そのまえに筑豊地帯のややこしい線路をクローズ・アップして考えてみることにしよう。

この地方では、元来は石炭を輸送するために鉄道が敷かれたというケースが多く、田川市を中心とする各線の名称とその図形は、鉄道マニアといえども覚え込むのがかなり「ほね」である。こうした図形を理解することがトポロジーとい

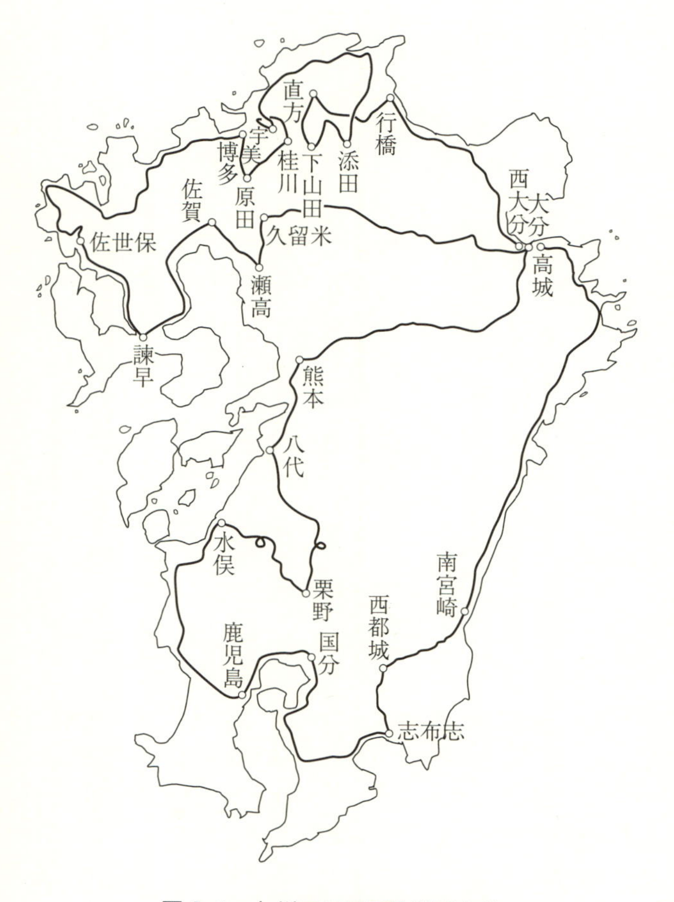

図 1.4　九州での最長片道乗車券

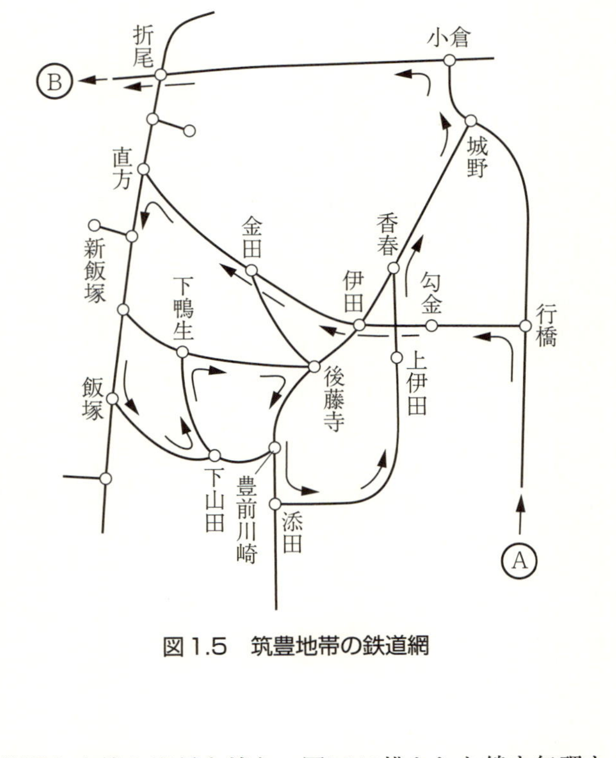

図 1.5　筑豊地帯の鉄道網

う学問と密接な関係を持ち、図1.5に描かれた線を無理なく覚え込んでしまうひとはトポロジー的なセンスがあるといってもいいと思うのであるが、そうは言っても自分の生活とはあまり関係のない地方の鉄道網などに興味を持つのは、やはり一種の変わり者（著者もその一人だが）ということになろうか。

趣味の問題はさておいて、筑豊地区での鉄道の交点は田川線の勾金（まがりかね）・伊田間と添田線の上伊田・香春（かわらと読む。

よけいな話だが、作家I氏の筑豊の青春物語などにはずいぶんこの地名がでてくる）の間にある。ところが図1.5でわかるように、線路は立体的に交差しているが、交差点に駅はない。国鉄の2つの線が交われば、乗換えの便宜のためにそこに駅をつくるのがふつうであるが（たとえば秋葉原駅、南浦和駅、西国分寺駅あるいは大阪の京橋駅、北九州の折尾駅など）、ときにこんなふうに地形的にはクロスしているが、営業的には交点とみなされていない場所もある。トポロジーと片道乗車券とを対比させるうえでこれはマズイ例であるが、ここでは国鉄の営業部の方針に従って、こんな場合は交わってはいないと考えていくことにしよう。

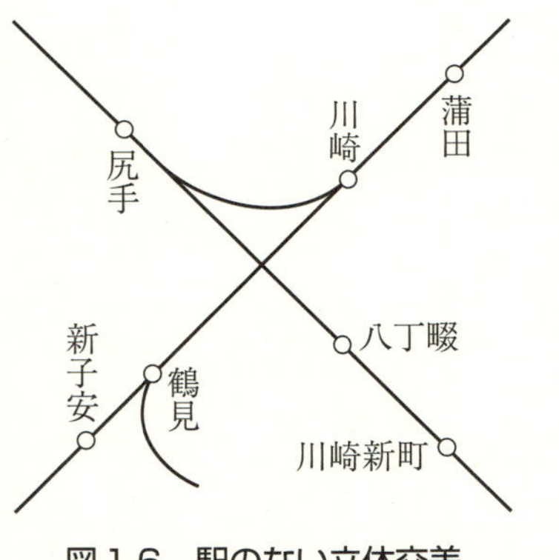

図1.6　駅のない立体交差

これについての京浜地区での好例は川崎駅のすぐ近くにある。規模は小さいが図1.6のように、南武線の支線が京浜東北線（および東海道本線）をまたいでいる。たとえば新子安から川崎新町に行く場合には地形的にはマタの漢字（又）と同相になってしまうが、営業的には「一」と同相とみなされる（もっとも鶴見線を経由していくという方法もあるが、ややこしくなるから京浜地区の話はこれくらいにしておこう）。

だから図1.5のように、田川線と添田線を経由してもかまわないというのが著者の意見であるが、このような経路を片

ボタ山地区の鉄道網は複雑である。かつては遠賀川が石炭を運んだが，やがて鉄道が，これにかわった。ありあまる石炭をたいて走った蒸気機関車も，皮肉なことに今は石油を使うジーゼルにその座をゆずることになった。

道乗車券の中途に挿入してもいいものかどうか、かなり事情通の交通公社の係員に聞いても首をかしげるのが実状らしい（こんな切符をつくるモノズキはいないから）。

現実に発売されるかどうかはさておいて、ここを交点と考えずにつくった片道切符が図1.5であり、さらに図1.4である。図1.5では日豊本線を北上してきて、最後には鹿児島本線を西に抜けていくことになるが、矢印で描いた経路を進むのが最も長いようである。線の名まえをいちいち述べるのはわずらわしいからやめよう。実際にはこれらの路線の多くは列車ダイヤは極端に少なく、下山田・下鴨生（しもかもお）（漆生（うるしお）線）間の一部は1日に3往復ほど、添田線が6往復ほどであり、図1.5のAからBまで、矢印をたどって1日で行けるかどうか疑わしい。

現在では全く斜陽化してしまったが、とにかく筑豊炭田の現場の中心地はなんといっても田川市であるが（事務部門あるいは営業の中心ということになれば飯塚市、さらには福岡市ということになろう）、国鉄に田川駅というのはない。伊田駅および後藤寺（ごとうじ）駅を中心にして市街が形成され、この2つを核として田川市はできあがっている。

なお図1.4で、博多駅の東北部で香椎（かしい）線と篠栗（ささぐり）線とが交差しているが、これも交点に駅がなく、図1.6と全く同じ事情になっている。

Tの字のなかま

「一」の字と同相の図形にいつまでもこだわっていたのでは話は進展しない。位相的に一のつぎに簡単なものは（位相という言葉を数学的厳密さで定義しなくても、こんなふうに使っていくことによりだんだん馴れてくるだろう）、T形であろう。T形といってもいいし、Y形でも片かなの「ト」でも平がなの「と」でも位相的には同じであることは、理解していただけると思う。片かなにはこれと同相のものが極めて多く

（片かな）　イ　ウ　ス　ト　ヒ　マ　ム　ユ

である。「ア」がこれと同相なのかどうか、いささか微妙だが、平がなの方はぐっと少なく「と」以外で問題になるのは「そ」の字だが、こちらの方は「ア」にもましてはっきりしない。

アルファベットでは

（ローマ文字、大）　E　F

J　T　Y

になる。小文字の方は、yは完全だが、rがこの分類に入るのかどうか、多少疑問視するひとがいるかもしれない。文字などというものは元来が人間同士の間のとりきめであり、むずかしく議論しはじめたらきりのない話だろうが、トポロジーとしては単に例として引用しただけのことであるから、これ以上深入りすることはやめよう。

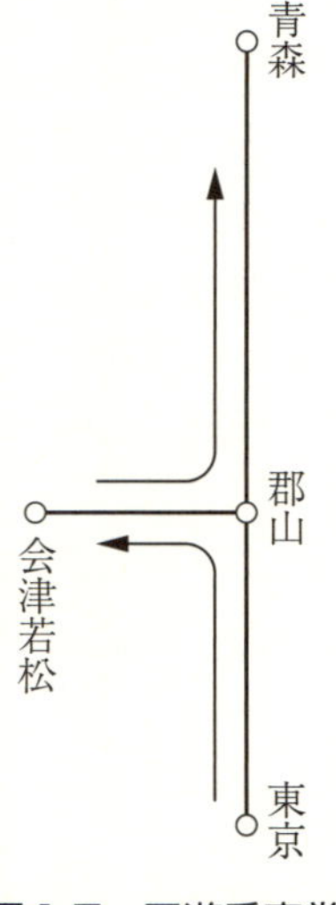

図1.7　回遊乗車券

それでは国鉄（私鉄の多くも同じ事情にあるが）の切符の場合はどうなるか。たとえば東京から会津若松に行き、それから青森まで足を伸ばしたい、という場合には、全体を片道乗車券にするのは絶対に不可能である。このときには公社に行って、東京都区内発会津若松ゆきと会津若松発青森ゆきの2枚続きの乗車券を買うか（このように2枚以上がセットになったものを回遊乗車券という）、あるいは東京都区内発青森ゆきと、郡山と会津若松間の往復切符を用意しなければならない。運賃は後者の方が多少安くなる。

以上は旅行する側の経路についてであるが、国鉄の路線そのものにTと同相のものがある。図1.6の南武線、神奈川県下の相模線（寒川と西寒川との間に、わずかの「でっぱり」がある)、天王寺から南下する阪和線、山口県の小野田線などは申し訳程度に「ト」形になっているが、北海道の標津(しべつ)線はかなりはっきりした「Y」形になっている。

旧東海道本線（ただし大垣・関ヶ原の間は1本の線とみなす）がTと同相だと言ったらクレームがつきそうだが、はっきりとブランチを持っている。大垣から分かれて北上し、美濃赤坂に至る線は（なぜ別の名まえをつけないのか著者は知らないが)、れっきとした東海道本線である。

タテ社会の構造

一およびTと位相を同じくするものの性質を述べてきたが、いちいちこんな説明をしていたのではいつになっても片付かない。ここらで少しまとめて話を進めていこう。片かなとローマ文字の大文字だけについて整理してみると、まずつぎのようなものが考えられる。

（片かな）						（ローマ字）		
エ形	エ	ケ				H		
十形	セ	ナ	ヌ	メ	ヤ	X	（K）	（G）
オ形	オ							
モ形	チ	モ						
キ形	キ	サ						

KやGがはたして十と同相なのか、よくわからない。あるいはエ形の中に入れた方がいいのかもしれないが、一応このようにしておこう。ひらがなは、元来が漢字を草書的にくずしたものであり、トポロジー的にはあいまいな点が多いから省略しよう。

ところで一形およびT形をも含めて、ここに挙げたタイプのものは、他の文字（たとえばニとかロとか）にくらべて、はっきりした特徴があるのを理解していただけるだろうか。特徴は2つあり

① 図形自身がつながっている（ニのように2つに分割されてはいない）。

② 図形が面を2つ以上に分割しているようなことはない（たとえばロは、面――つまり紙面の白い部分――を内側と外側とに完全遮断してしまっている）。

エ形だのキ形だのと位相は違うが、①と②との性質を具備しているという点では、これまでの例は共通である。そうしてこの共通的な図を**樹形グラフ**とよぶ。英語では簡単にtreeといい、日本語でもそのままツリーとか木とかいうことがある。

図1.8はタテ社会の人間関係を描いたものであることはす

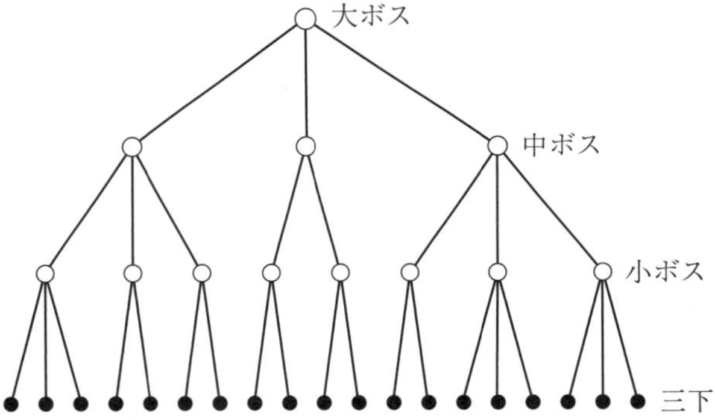

大ボス
中ボス
小ボス
三下

図1.8　タテ社会の人間関係

ぐおわかりいただけるだろう。横の連絡のないこのようなグラフはまさに樹形である。

図1.8はべつに人間関係だけではない。たとえば1ヵ所に集中された郵便物を順次区分けしていく場合には同様なグラフになる。あるいは下から上に見ていくときには、試合のトーナメントなどは（たとえば甲子園での高校野球のような）これに似たグラフになる。もっとも試合では、必ず2校がぶつかることになるが……。

樹形グラフは、とにかく環状線を含んでいないつながった線のことである。一方図1.8の方はボスをピラミッドの頂点

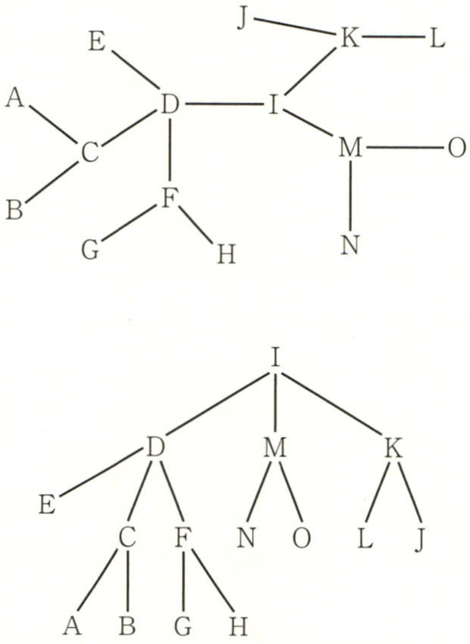

図1.9　同相の2つの樹形

とする組織系統を表わすものであり、ずいぶんタイプの違ったもののような感じがするが、実際には任意の樹形グラフは図1.8のようなあんばいに描くことができる。図1.9の上は1つの樹形だが、その中の1点（たとえばI）を頂点として描き直してみると下の図のようになる。図1.9の2つのグラフの位相が等しいことはすぐにわかるだろう。

樹形の性質を改めて述べてみると、つぎのような事柄が挙げられる。

（**定理**）樹形の中の任意の2点を結ぶ道は必ず存在し、しかもただ1つだけ存在する。

あるいはまた

（**定理**）樹形の中で、最終辺（図1.9でいえば、ACとかJKとか）以外の辺（したがってCDとかIMとか）をとり除くと、樹形は2つに分かれてしまう。

点と線

樹形グラフの話になったから、いま少し厳密に考えていこう。図1.10のAもBも樹形だが、Aでの白丸と黒丸を頂点、頂点間の線分が辺である。普通の幾何学では白丸を頂点とよぶことに異存はないが（Aでの白丸のような頂点を**分岐点**ということがある）、ターミナルの方の黒丸を頂点という習慣はあまりないが……トポロジーではこれも頂点のなかまに入れる。しいて言えば、黒丸は**端点**あるいは**最終頂点**または自由端である。

点と点との間の線は**辺**（もっとも立体では稜という）であるが鉄道線路の例でみてきたように、トポロジーでは線がま

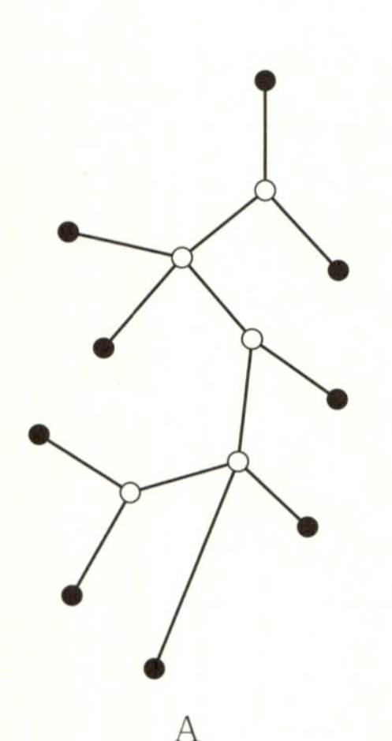

図1.10　樹形グラフの頂点と辺（弧）

っすぐか曲がっているかということにはあまり関心がない。だから曲がっていることをも予想して、**弧**といった方がいいかもしれないが、間違うおそれのないかぎり習慣的に辺とよぶことにしよう。図1.11は有機化学で勉強するパラフィン炭化水素だが、炭素Cが分岐点、水素Hが端点になる。

さて樹形で、端点とそれにつらなる辺（いわゆる袋小路、**最終辺**ともいう）を消去してやる。つぎにまた別の端点とそれにつらなる最終辺を消す……こんなことを続けると、最後には頂点が1つだけ残ることになる。したがって

$$（頂点の数）－（辺の数）=1 : v-e=1 \qquad (1.1)$$

と、はじめて数学らしい式がでてきた。

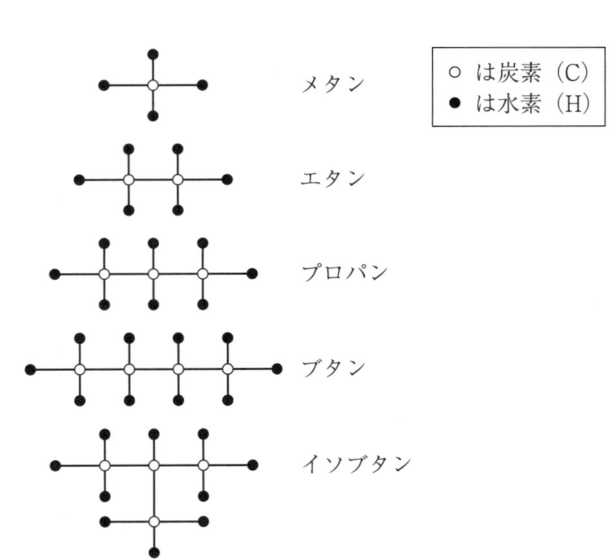

図1.11　パラフィン炭化水素

この式の成立するための頂点とは、必ずしも端点や分岐点でなくてもいい。図1.10の中の白丸をすべて頂点としても、やはり式（1.1）は成りたつことになる。したがって今後は、点や辺（弧）のきめ方は図のBのように規定してもかまわないことにしよう。このことを一般化するために、つぎのように点の次数という考え方を定めてやることにする。

図1.12は片かなのモであるが、AからGまでの点の性質を調べてみる。1つの点から出ている辺（弧）の数のことを**点の次数**（点の度数ということもある）とよぶことにすれば、この数はグラフをいかにゆがんで描いても変わらない。こんなとき、点の次数はトポロジー的に不変であるという。図か

らすぐわかるようにその次数は、Aは1、Bは3、Cは2、Dは1、Eは4、Fは2、Gは1である。

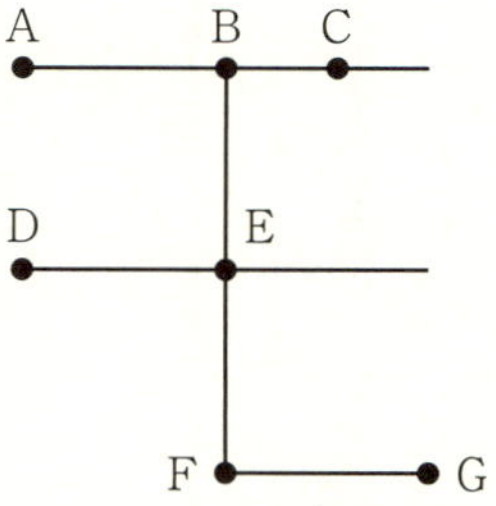

図1.12　点の次数

われわれはこれまで図形的な感覚でトポロジーを考えてきたが、数学的センスからいえばこのやり方は邪道である。キチッとした式をたてて、間違いのない理論を組み立てていかなければならない。ところがここで、点の次数という概念を導入したため、話が大分はっきりしてきた。ふつうの図形の中には次数2の点は無数に存在するが、それ以外の次数の点は一般に有限である。したがって、次数sの点の数を$n(s)$とすると

一形　$n(1)=2$
T形　$n(1)=3$、　$n(3)=1$
エ形　$n(1)=4$、　$n(3)=2$
十形　$n(1)=4$、　$n(4)=1$
オ形　$n(1)=5$、　$n(5)=1$
モ形　$n(1)=5$、　$n(3)=1$、　$n(4)=1$
キ形　$n(1)=6$、　$n(4)=2$

となる。好きな漢字について、こんなことを調べてみるのも(いささか暇つぶしの感があるが) 興味深い。

それでは$n(s)$のくみがきまると、図形はトポロジー的に確定するかというと、そのへんはなかなかややこしい。図1.13のようにAとA′とはともに$n(3)=2$であるが、明らかに違っ

たグラフである。同様にBもB′も$n(3)=4$と$n(4)=1$とでできた図形だが、似ても似つかぬ形になっている。

同じか、同じでないかということは考えてみればはなはだあいまいな概念である。リンゴとバナナは味も違うし値段も異なる。しかし果物、さらには食物という意味では同一である。AとA′あるいはBとB′は確かに形は異なるが、点の次数という立場ではそれぞれ等しい。かりにA′の中央の辺およびB′の中央の×印の部分がどんどん縮んでしまってもかまわないとし、2本の辺のぶつかった部分は1本と考えてしまう……といういささか無茶な方法を許してもらうなら、AとA′およびBとB′とはそれぞれに等しくなってしまう。トポロジーでは常識はずれの事柄がしばしば起こってくる。

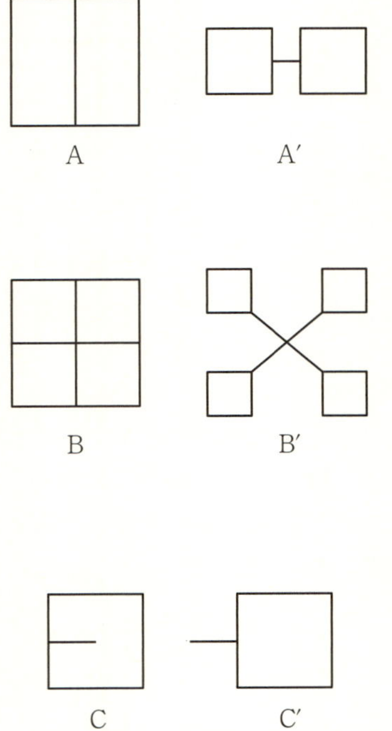

図1.13　点の次数のくみが同じグラフ

CとC′は、AとA′とが似ている以上によく似ている。もし糸あるいはやわらかな針金でできているとし、三次元的な動きが許されるとするなら（つまり紙の上にだけ糸があるのではなく、その一部を一度持ち上げて再び紙の上に置くことが許容されるなら）、CとC′とは一致する。

本章ではもっぱら、位相的に等しいか違うのか……という話にまとをしぼってきたが、一般的に空間のかたちとか空間の中の形態の種類などというものは、ひとことで片付くほど単純なものではないのである。この意味では同じだが、あの見地にたてば異質である……という事柄がうんと多い。そこにトポロジーという学問のむずかしさがある。一例を挙げると、図1.13のCとC′とは平面内では「相」は同じだが「位」は違っている……といういい方をする。しかも立体的な立場にたつと、CとC′とは位も等しい、と考えるのである。この本の最初に、同じ位相であることを簡単に「同相」とよんでしまったが、話がこのようにこんがらがってきたときには、言葉の簡略化は許されないことになる。

なぜトポロジーを学ぶか

片道乗車券に始まって、T形からエ形へと話はだんだん進行してきた。やがて「ハ」がでて「ロ」が現われて……と読みの深い人は次章の順序を先取りされているかもしれないが、ここらで一息入れていま調べている内容を反省してみよう。鉄道線路のつながりかたや片かなの分類ばかりやっていたら、あるいは読者の中には「なぜこんなばかばかしい事をおぼえなければならないのだ。自分はべつに交通公社に勤めたいとも思わないし、いまさら新しい文字を製造しようなどという野心があるわけでもない。線を曲げたりつなげたりするのは幼稚園にでもまかせておけばいい。ひま人とのつきあいはごめんだ」と言われる人がいるかもしれない。

ひま人のすること……と言われてしまえば、まさにそのとおりであり（……と著者も思う――専門家には叱られるかもしれないが――）、返す言葉もないが、実はこのような図形の研究がトポロジーという学問の基本になっているのである。ということになると、問題は「なぜトポロジーを学ぶか」という疑問におきかえられる。

ぐにゃぐにゃした図形は、それが書道とか華道とかいうのならともかく、数学と名乗りを挙げるにはあまりにふざけすぎている……と感じるかたでも、三角形や四角形、あるいは円や楕円などは幾何学という数学の一分野であることを認めていただけると思う。昔の図形的な学問（つまり幾何学）は、そのような「まとも」な形だけを扱っていた。しかし人間の知的要求は特定のものから一般へ、限定から普遍へと進行するものである。考えることの好きな人間は、キチッとした三角形でなくても、3個の頂点と3つの辺とを持ったものは（たとえそれが曲がっていようとも）、広義の三角形と考えて理論を展開していこうではないか……と思考するようになった。こうした思想はすでにデカルトの頃から芽生えていたといわれるが、1833年のガウスの空間曲線の理論では曲がった線が数式化され（積分という数学的手段で線を定義する）、1847年に出版されたリスティングという学者の書物『トポロジーの基礎研究』（原文はドイツ語で、*Vorstudien zur Topologie*）で、初めてトポロジーという言葉が使われた。Toposというのはギリシア語で、位置とか場所とかを意味するということである。

しかし当時のトポロジーは、まだ図形の一般化という域から脱しきれず、複雑な多辺形や多面体の性質の研究だけに終始した。やがて19世紀の後半にリーマンという幾何学の大家がでて、曲がった空間での図形を数式化していくことになる。そうして20世紀に入り、フランスの数学者ポアンカレは図形一般の基礎知識を確立し、それが近代的感覚を持った多くの若い数学者に受け継がれて、トポロジーという、幾何学はおろか、数学全域に威力を与える学問に発達していくのである。

学問の発達の過程におけるオーソドックスな方法の1つに「分類」という作業がある。植物学や動物学において、分類がいかに必要か、そうして実際に、大分類、中分類、小分類……というように、非常に細心にしかも注意深く行なわれているかは改めて述べるまでもなかろう。図形に対する研究態度もこの「精神」が生かされなければならない。人間も犬も虎もパンダも哺乳類という概念で統一される。これと同じようにセ、ナ、ヌ、メ、ヤが同種類のものとして規定される……ということになる。ときには鯨のように、一見魚類かと思われるものも実は哺乳類、ということもある。このように常識外の事柄もトポロジーにおいても起こるかもしれない。十分注意して調べていかなければならない。後の章（たとえば第7章）でトポロジーにおける分類、整理の必要性が痛感させられる。

もちろん分類さえしていればいいというものではない。トポロジーには具象性を離れた「何ものか」が秘められているように著者には思える。

三角形とか円とかの規則的な形にとらわれることなく、図形とは何ぞや、線とは、面とは……さらには（後に詳述するが）n次元空間とはいかなる性格のものか、という問題が大きく提起され、多くの数学者によって挑戦されている。考え方によっては、このような問題は確かに知的遊戯の一種かもしれない。数学の中でも、微分学や積分学は物理的な、あるいは産業（とくに工業）的な必然性から生みだされたものといえる。これに対してトポロジーの出現の要因は、微積分などとくらべて、かなりニュアンスを異にしている。

だから微積分は必要で、トポロジーは「どうでもいい学問」だ……などとはいえまい。遊戯そのものは遊戯としての価値を持つものであり、ことによるとそれがとんでもないほどの実用性をうちに秘めていた……ということも、学問の世界では珍しいことではない。アインシュタインの相対性理論など、初期の頃は（最初の頃のトポロジーと同じように）全くの遊戯であったが、あの中には質量とエネルギーとは同等であるという思想があり、水力も火力も枯渇したあかつきには、この理論に頼って生きていかなければならなくなるかもしれない。トポロジーも、一面ではこの書物の最後に述べるような、カタストロフィーの理論へと進んでいる。もちろんカタストロフィーの理論がどれほどの威力を持つかまだわからないが、とにかく「遊び」という精神（？）も、大いに推奨されていいのではあるまいか。

なぜトポロジーを学ぶかは、第2章、第3章でいま少しその内容を学習した後に、第4章においてもう一度考えてみることにしよう。

2 やわたのやぶしらず

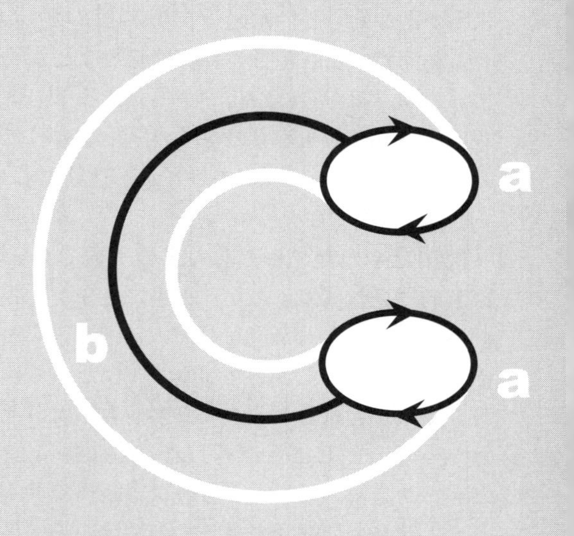

迷路

「やわたのやぶしらず」などという言葉は、昨今ではほとんど聞かれない。要するに迷路のことであるが、なんでも千葉県市川市の八幡という所に法漸寺という寺があり、その南側に藪（やぶ）があって、ここにひとたび足を踏み入れると何かのたたりで再びでることができなかった……という言い伝えからきているという。昔は縁日などでやわたのやぶしらずという見世物があったらしいが、つまりは迷路の中に客を導いて遊ばせる趣向である。縁日のお化け屋敷なども多少は迷路を設けているが、こちらはお化けが主であって、迷路の方は申し訳程度につくってあるものが多い。むしろ現在の遊園地などにみられるミラー・ハウスの方が、迷路としての複雑さがある。

図2.1はやわたのやぶしらずの一種である。こんな迷路は図解的に見れば簡単だが、実際に自分が入ってみると出口に到達するのはむずかしいものらしい。話が飛躍するようだが、生活上のさまざまな問題で、はたからみると何を血迷っているのかと思われるような事柄も、当事者は全く五里霧中という場合がしばしばみられる。問題に巻き込まれた人間と、それを高い立場から冷静に客観視できる者との差であろうか。迷路の問題などは、この話を如実に具体化したものだと言えそうである。

べつに、ここで「人生の迷い」について考えてみようというのではない。図2.1のような図形の「塀」の性質を調べてみたいのである。お化け屋敷だったら、この囲いの中にお化けのでる場所や、お化けに扮（ふん）するアルバイト学生のたまり場があるかもしれない。あるいは建物全体が広ければ、その中のどこかに事務所でも置くことになろうが、一般に狭い土地に見世物の「やぶしらず」やミラー・ハウスをつくるときには、面積をなるべく有効に、つまり客の行動できる通路をできるだけ広くなるように設計するのがふつうである。ということは……完全に塀で囲まれて、客が立ち入りできない空間を設けてもそれは全く無駄だということである。ミラー・ハウスの場合には、鏡をはめ込んだ塀が60度の角度をなしているが、遊園地の狭い一隅に、やはり隙間（すきま）なく迷路がつくられている。

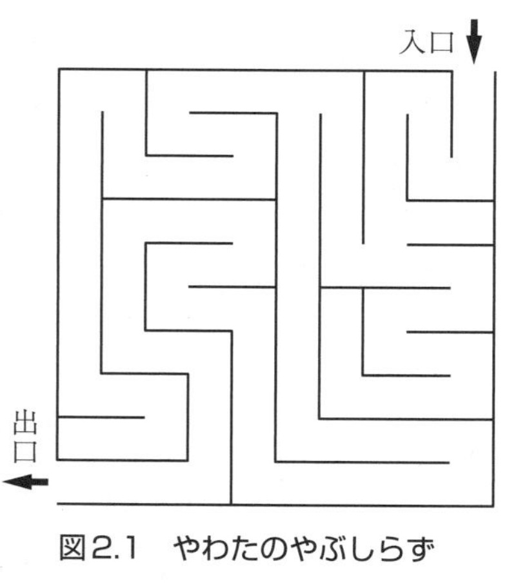

図2.1　やわたのやぶしらず

「やぶしらず」でもミラー・ハウスでもかまわないが、その塀をあたかも図形のように考えて、位相的に調べてみることにしよう。地面のほうに注目すれば、地面のどの部分もつながっているような、そんな図形の性質を問題にしてみる。片かなでいえば、「ロ」や「タ」は除いて（これらの性質はすぐあとで、じっくりと調べてやることにする）、「キ」とか「ニ」とか「ツ」とかを当面の対象にするわけである。

「マ」や「キ」のようにくっついているグラフを、今後は**連結**しているといい、「ロ」や「タ」のように閉じた線のあるグラフを、**回路**を持っているとよぶことにしよう。第1章では、回路のない連結グラフ（これがつまり樹形である）だけを扱ったが、今度は（回路はないが）必ずしも連結していなくてもいいとする。

非連結の片かなについて、位相の等しいものを例挙し、点の次数もあわせて書いてみると

ニ形	ソ　ニ　ハ　ラ　リ　ン	$n(1)=4$
テ形	テ	$n(1)=5$、　$n(3)=1$
ミ形	シ　ツ　ミ	$n(1)=6$
ホ形	ホ	$n(1)=8$、　$n(4)=1$
ネ形	ネ	$n(1)=7$、　$n(3)=1$

「ネ」の字の右側の点は、離すのか離さないのか、ふつうの活字ではよくわからないが、離すべきものとして分類した。

窓の雪

ローマ文字や片かなだったら、これらを位相の違いにより分類していくことは可能である。ところが漢字を考えたり、あるいは任意のグラフについていちいち分けていったらキリがない。もう少し話をしぼって、たとえ位相は違っても、それを適当なグループごとにまとめていかなければならない。

そこでまず回路のないグラフについて、図形が何個に分かれているかで（その個数を**連結成分**の数とよぶ）一般図形を分類してやる。そうして、問題としているグラフの連結成分の数のことを、**零次元ベッチ数**とよび、記号でp_0と書くこと

にする。ベッチとはこのような研究を行なったイタリア人の名であるが、詳しい定義はあとまわしにして、具体例を示すことにしよう。漢字は、各部分で、くっついているのやら離れているのやら判然としないことが多いが、回路のないものを挙げてみると、たとえばつぎのような字が考えられる。

$p_0=2$　犬　北　写　化　凡　etc.
$p_0=3$　森　斗　利　徒　完　etc.
$p_0=4$　杉　池　行　灯　帰　etc.
$p_0=5$　雨　珍　冠　琴　忌　etc.
$p_0=6$　禁　怜　汽　羽　絆　etc.

当用漢字の範囲で、回路がなくしかもベッチ数の大きいものは意外とみつけにくい。なお上の例のように、何個かの樹形の集まったグラフを（樹形同士はもちろん連結していない）森とよぶことがある。

「山峡を染めた淡雪を、緑の塗料で縁どられた窓越しに、総統は弱弱しく震えたひとみで、労心を耐え忍びながらながめていた。初志の励行と挫折、それにたいする批判と効状とにさいなまれた気持は、心のおく深く炎上し続けていた」

などというように、回路がなく、しかもベッチ数をできるだけ多くするように漢字を並べると、ずいぶんへんてこな文章ができあがる。

「やぶしらず」やミラー・ハウスの塀を図形とみなすと、零次元ベッチ数は「少なくとも」2である。入口から出口にかけての「正しい」通路によって、塀は結合を断たれているからである。図2.1のベッチ数は2だが、つくり方によっては3にも4にも成りうる。3以上の場合には塀の一部が孤立的に存在するわけだから、通路の一部がぐるぐるまわりになる（つまり、通路の方が回路になっている）ことはすぐにわかる。

あるグラフが、K個の樹形からできている森であるとしよう（図2.2参照）。このときつぎのような関係が成立する。

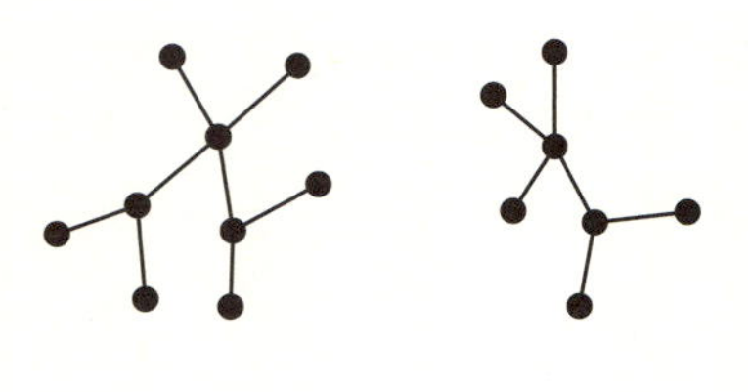

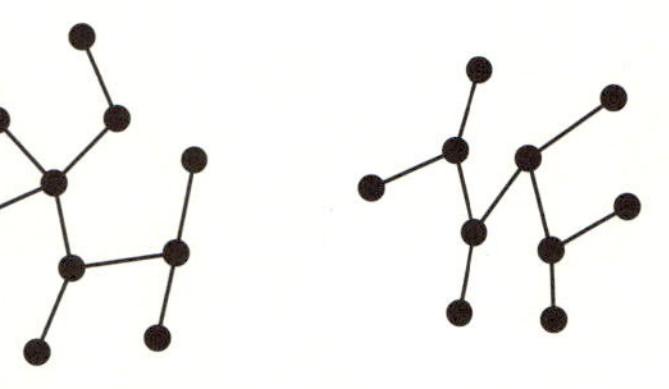

図2.2　森 v=36, e=32, K=4

（全頂点の数）－（全部の辺の数）

＝（成分の数）：$v-e=K$　　　　（2. 1）

これは式（1.1）の一般化である。

ここで、いささかわずらわしいが数学用語を覚えていただかなくてはならない。名前などどうでもいい、要はその内容さえ正しく理解していればいいのだ……と言ってしまえばそれまでであるが、話はそう理想どおりにいくものではない。ものには順序があり、最初のうちこそ日常語で説明していくことが可能であっても、やがて内容が複雑になってくると「名なし」ではどうにも収拾がつかなくなるのが系統的な学問の一般通念である。たとえば「平方根」という言葉抜きで数学を進めたら、常に「2乗するといくらいくらになるところの数」などといわなければならない。こんな手間をかけていたのでは、学習意欲が減退してしまう。

こんなわけで式（2.1）の値、つまり頂点の数から辺の数を引いたものを、面倒でも**オイラーの標数**とよぶことにする。オイラー（1707－1783）はスイス生まれの学者で、数学の非常に広い分野でさまざまな業績を残し、さらに天体力学や流体力学の研究にも貢献している。さて標数が定義されると

（**定理**）樹形では、そのオイラーの標数は1である。

（**定理**）森のオイラーの標数は、連結成分の数と一致する。

（**定理**）森のオイラーの標数は、零次元ベッチ数と一致する。

などの定理が生まれる。

内と外とを隔離して

樹形とか森とかを調べてきたから、つぎはいよいよ「ロ」や「タ」のように回路を持ったグラフを問題にしよう。

トポロジーの意義（意義というよりも、方法、立場、概念、精神など）については後ほど述べることにして、本書ではとにかくトポロジー的な見地でグラフを眺めていることを、いま一度おもいだしていただきたい。最初に述べたように、狭義の片道乗車券はすべて同一視するという立場がトポロジーという学問の基本的精神である。ということになると、「単一閉曲線」という概念で、図2.3のすべてのグラフは同じ位相であることも、納得していただけるだろう。円も楕円も多辺形も、あるいは曲線で囲まれた図形も（もちろんFやGのように、ひっこんだ部分があってもかまわない）、み

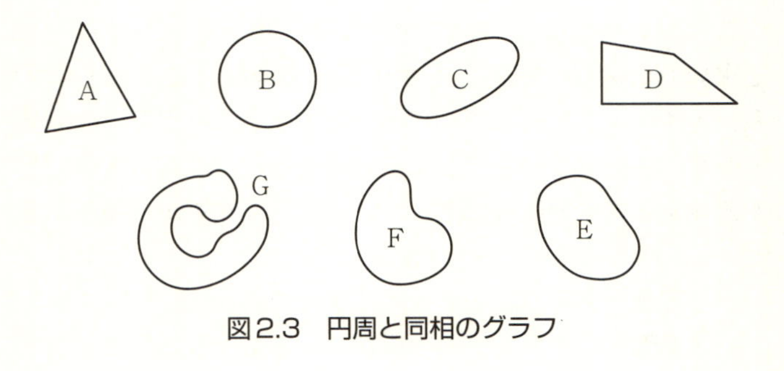

図2.3　円周と同相のグラフ

な同じ位相である。これと同相の文字は片かなの「ロ」、漢字の「口」、ローマ文字（大、小とも）の「O」であり、Dは左上、左下の部分が横に突き出しているものかどうか、著者は知らない。

このような単一な閉曲線（もちろん曲線でなく、多角形でもかまわない）を今後「円周」と同相とよぼう。たんに円といったのでは、その内部をも含むことになり、さし当たり問題にしているのは、その周囲の線である。

フランスにジョルダン（1838－1922）という数学者があり、彼はここで1つの定理を提唱した。

（**定理**）　円周と同相な曲線は、平面を2つの領域に分ける。

これまでは線だけに注目してきたが、ここで初めて面も話の対象にすることになったのである。そうして閉曲線を描くと、面はその内側と外側とにガッポリ2分されてしまい、線をよぎることなく、内側から外側へ、あるいは外側から内側へ行くことは絶対に不可能だ……というのがジョルダンの主張である。これを**ジョルダンの定理**という。

あるいは読者の中には「閉曲線が面を2分するのはあたりまえではないか。それを大まじめで定理だなどとよぶジョルダンっていう人は少しおかしいのではないか」さらに「そんなものが定理として通用するなら、ぼくだって10や20の定理をつくるのは朝めし前だ。兄は弟より年上である……母親は女である……高い木の方ができる影は長い……商売でもうければ、そのぶんだけ金持ちになる……とにかくどんなものだって定理になるではないか」と言われるかもしれない。

世間的な話は別として、数学の定理の基礎的なものには、確かに「極めて」直観的なものが少なくない。「三角形の2辺の和は、他の1辺よりも長い」とか「1点を通り1本の直線に平行な直線は1本引くことができ、しかもただ1本に限る」などのたぐいがこれである。もっとも後者は定理でなく、公理とか公準とかよばれているが、考えようによってはばかばかしいかもしれない。とくに文学的感覚（？）の持ち主にはこのことが顕著で、たとえば二葉亭四迷の半自叙的小説『平凡』の一部を引用してみると（ただし送りがなや漢字は現代風に書き直した)、数学嫌いの主人公の叙述に

> 「代数もわからなかったが、幾何や三角術はなおわからなかった。はじめのうちは、全く相合わせうる物の大きさは相等しなどと真顔で教えられて、馬鹿扱いにするのかと不平だったが、そのうちに切売の西瓜のような弓月形や、二枚屏風を開いたような二面角がでてきて、大きなおそなえに小さいおそなえがくっついてヤッサモッサを始める段になると、もう気がうわずってしまい、丸のみにさせられたギゴチない定義や定理が、頭の中でし

ゃちこばって、その心持ちの悪いこと一通りでない……」とある。だから、ジョルダンの定理をばかばかしいと思う感覚は、あるいは文学的なのかもしれない。

しかし……とにもかくにも数学を勉強しようとする志望者（？）は（そのような志望が人生にとって有意義かどうかは著者にはわからないが）、そのばかばかしいことから始めてもらわなければ困るのである。論理性に立脚する数学は、定義定理が重要で、わずかの矛盾も許されない。それが絶対真実であるか、ある条件のもとでのみ成立する事柄かは、十分に検討しつくされなければならない。さきの三角形の2辺の和……などは、よく知られているように非ユークリッド空間においては、必ずしもうのみにはできない主張である。そうして定理の内容が、直感的（常識的に当然ということ）かどうかは、数学のあずかり知らぬところなのである。

こんなわけで、とにかくジョルダンの定理を、トポロジーの基本事項として認めていただくことにしよう。

なお、円周と同相な曲線（図2.3のもろもろ）を**ジョルダンの閉曲線**といい、他方「一」と同相な曲線（何度も述べたように、狭義の片道乗車券）を**ジョルダンの曲線**とよぶ（もちろんまっすぐでもかまわない）。だから後者については

（**定理**）ジョルダン曲線は平面を分けない。

という定理が成立する。実は、この主張とさきの閉曲線の両方とを総称してジョルダンの定理というのである。

トポロジーでない話

閉曲線の話がでたついでに、1つの例題を考えてみよう。

地球を半径6,400kmの完全な球と仮定する。さて地球の大円に沿って地上（あるいは海上というべきか）1mの場所に綱を張り、地球をひとまわり巻いたら、この綱の長さは地球の大円の円周よりどれくらい長いだろうか。

これは、いわゆる数学パズルの典型的なものの1つである。大きな地球にさらにはち巻きをするのだから、綱の長さはよほど長いものになるに違いない……と思わせるところが問題のアヤであり、解答に意外性があるほど、パズルとしての価値がある。円の大小にかかわらず同心円の半径差が1mなら、円周差は$2\pi \fallingdotseq 6.28$（m）になることはすぐに計算できる。感覚的に考えるなら、大きな円の場合には、確かに円周の全体的な長さは長いが、部分部分に注目したとき、外側の円（綱）と内側の円（地球表面）とはほとんど直線的に平行であって、その意味では両者の差は（部分的にみるかぎり）うんと小さい。結局、円周の絶対量の長いことと、両者の差の現われにくいことが相殺しているわけである。

それでは東京の山手線を考えてみよう。内回りと外回りとでは厳密にいうと必ずしも平行でないから（目白、高田馬場、新大久保などでは両線がホームをはさんで分かれる）、内回りだけに注目し、内回りの2本の鉄路（もし線路というと、2本の鉄路を以て1本の線路ということになりそうだから、あえて鉄路といった）の長さの差はどうか。国鉄の狭軌の幅は106.7cmだが、話を簡単にするために1mとしよう。図2.4のAのような場合に相当するわけであるが、間隔1mのとき両閉曲線の長さの差はいくらだろうか。

形が不規則だからとても曲線の長さは計算できない。だから長さの差など求まりっこない……などと降参してはいけな

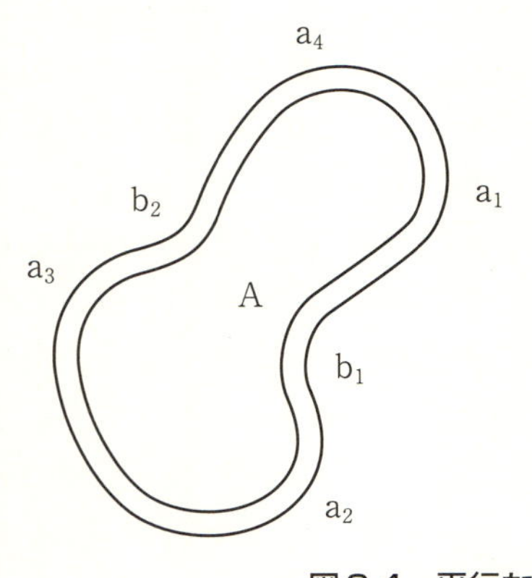

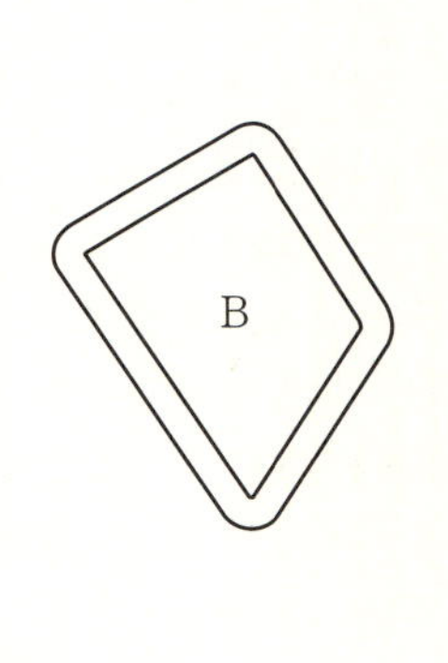

図2.4　平行な閉曲線

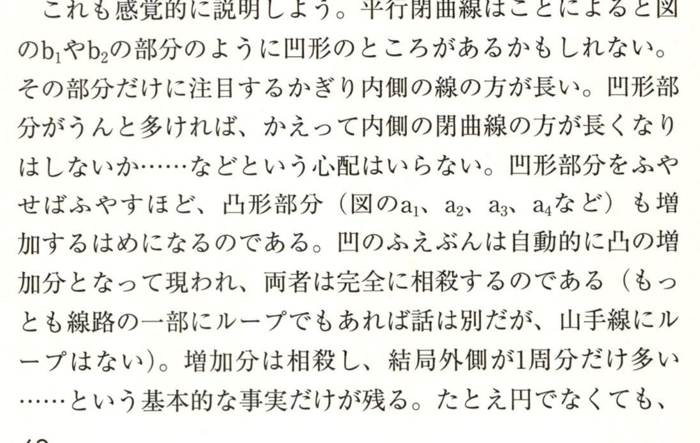

い。確かに全長は求められないが、差は同心円の場合と同じで2π≒6.28（m）である。つまり間隔が1mで（もちろん1mでなく、2mでも36mでもそれなりに計算は可能である）、両線が平行なら、形のいかんを問わず解答は同じになる。

これも感覚的に説明しよう。平行閉曲線はことによると図のb_1やb_2の部分のように凹形のところがあるかもしれない。その部分だけに注目するかぎり内側の線の方が長い。凹形部分がうんと多ければ、かえって内側の閉曲線の方が長くなりはしないか……などという心配はいらない。凹形部分をふやせばふやすほど、凸形部分（図のa_1、a_2、a_3、a_4など）も増加するはめになるのである。凹のふえぶんは自動的に凸の増加分となって現われ、両者は完全に相殺するのである（もっとも線路の一部にループでもあれば話は別だが、山手線にループはない）。増加分は相殺し、結局外側が1周分だけ多い……という基本的な事実だけが残る。たとえ円でなくても、幅rの2本の閉曲線については、外側の方が$2\pi r$だけ長いのである。

図2.4のBのように内側が多角形の場合でも話は同じで、外側の方が$2\pi r$だけ長い。ただし外側の線は角のところでは内側の多角形の頂点を中心とする円弧にしなければならない――というよりも、多角形の外側に描く平行線とはこのようなものをいうのである。だから逆にいうと、多角形の内側に（このような意味での）平行閉曲線は描けない、ということになる。

閉曲線の話がでたので、つい長さの比較ということになってしまったが、図2.4のような事柄はトポロジーではないのである。いかに山手線が不規則な形をしていようとも、曲線の長さを調べる……ということになれば、これはもう普通の（トポロジーでない）幾何学である。これから学ぼうとしているトポロジーには「長さ」とか「平行」とかいう概念の入る余地は存在しない。この節では特にトポロジーでないものをとりあげ、後ほど述べるトポロジーとは何かの説明の捨て石にしたかったのである。

環状線物語

再びトポロジーに戻ろう。話はジョルダンの閉曲線の途中であった。鉄道線路の名称でいえば山手線と大阪環状線がこれに当たる。それでは列車ダイヤの方はどうか。ダイヤはしばしば改正になるから恒久的なものではないが、たとえば昭和49年初期では図2.5のようなものがある。Aは札幌発札幌ゆきの列車で内回りも外回りも「いぶり」といい、Bは盛岡発

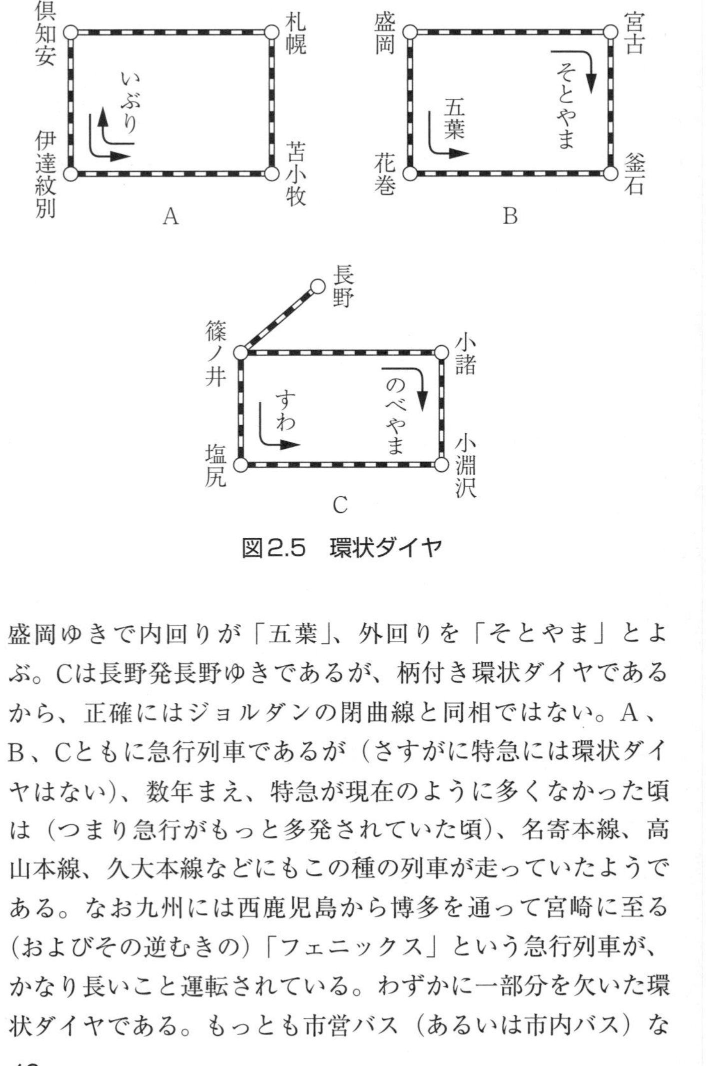

図2.5　環状ダイヤ

盛岡ゆきで内回りが「五葉」、外回りを「そとやま」とよぶ。Cは長野発長野ゆきであるが、柄付き環状ダイヤであるから、正確にはジョルダンの閉曲線と同相ではない。A、B、Cともに急行列車であるが（さすがに特急には環状ダイヤはない）、数年まえ、特急が現在のように多くなかった頃は（つまり急行がもっと多発されていた頃）、名寄本線、高山本線、久大本線などにもこの種の列車が走っていたようである。なお九州には西鹿児島から博多を通って宮崎に至る（およびその逆むきの）「フェニックス」という急行列車が、かなり長いこと運転されている。わずかに一部分を欠いた環状ダイヤである。もっとも市営バス（あるいは市内バス）などには環状ダイヤが非常に多い。昭和の初期に地方都市に住んでいた著者は、「じゅんかん」という言葉をバスの代名詞のように使ったことを記憶している。

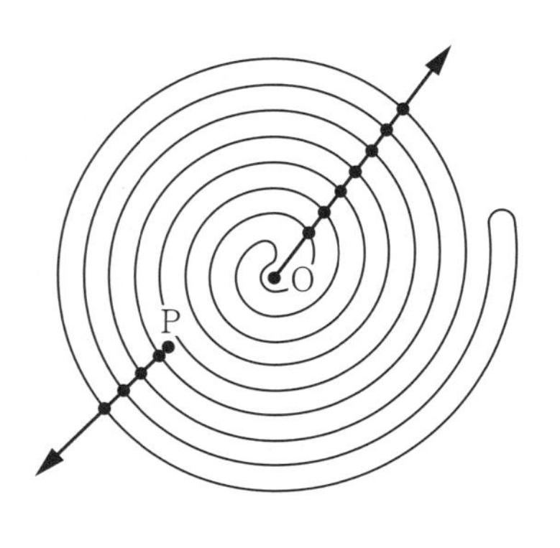

図2.6　ジョルダンの閉曲線

さて、ジョルダンの閉曲線は平面を内部と外部とに分ける。任意に指定した点が内部か外部かは（もっとも、まれには点が線の上に乗ることもあろうが)、図2.3のような場合にはすぐわかる。ところがもっとタチの悪い閉曲線、たとえば図2.6の蚊取り線香形などでは見分けるのがつらい。あまり見つめると頭がクラクラして、乱視にでもなりそうな気がする。一番いい方法は、内部を適当な色か斜線かで塗りつぶすことである。

それができないときにはどうすればいいか。たとえばP点なりO点なりを調べたいときには、そこから外部にむかって図のように線を引いてやる。この線は必ずしもまっすぐである必要はないが、なにも無理に曲がった線を描くことはなかろう。そうしてその線がジョルダンの閉曲線と何ヵ所で交わったかをかぞえる。その数が奇数なら点は内部、偶数なら外部になる。P点は4ヵ所だから外部、O点は7ヵ所だから内部である。なお外部の点と外部の点、または内部の点と内部の点とを結ぶ線は、ジョルダンの閉曲線と偶数回クロスする。

図2.6の下の図は「やぶしらず」によく似ているが、あれとは全く違ったものである。外部からの人間が立ち入ることのできない場所が存在している。立ち入り可能（つまり閉曲線の外部）か、不可能（内部）かは上のうず巻き形のときと全く同じ方法で調べられる。しかし下の図の方が、単純なうず巻きよりも、何となくおもしろいような気がする。機械的に出口を探す蚊取り線香よりも、さて出口はあるのかと全く創造的（？）な探索の方が意欲的になるものだ……などと言ったら、いささかオーバーだろうか。

街路と交差点

樹形の説明も、回路の話も一応終わったから、両者を合わせた一般図形へと進もう。ただし当分の間、図形は平面に描かれているとし（後に述べるように、球面とかドーナツの面の上に描く場合だってある）、さらに連結グラフであるとして考えていく。

図2.7は**平面グラフ**の一例である。小さな丸が頂点、丸と丸との間の線は辺または弧とよんだが、わずらわしいから、（たとえ曲線でも）当分は辺という名で統一しておこう。ところで図2.7のような一般形については、さまざまな研究課題がある。それを大別すると、①線や頂点の性質を調べるこ

と、②図の中にできる多辺形の性格を検討すること、の2つになるが、両方同時に手をつけると混乱するおそれがあるから、最初①から始めよう（といっても、①と②とは決して無関係だというわけではないが……）。

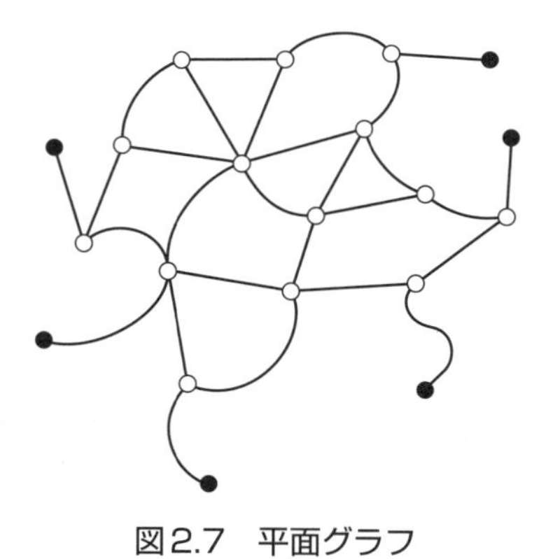

図2.7　平面グラフ

まず頂点についてであるが、図には次数1のもの（いわゆる端点、黒丸）と、次数3以上のもの（白丸）だけを描いた。次数2の頂点を考えても、これから述べる諸法則のさまたげになるわけではないが、辺の途中にある頂点というのは図形的にあまり意味のあるものではないから、話を簡単にするために、一応、頂点とは端点と分岐点とだけに限定しておこう。

最初の問題として、辺の数は何本あるだろうか。図を見て、かぞえてやるのが最も正確だが、そこはそれ数学という勉強をしているのだから、もう少し法則的にものを考えたい。

一般に図にはたくさんの頂点があるが、それらの名前をそれぞれA、B、C、…、Mとしよう。Mで終わったからといって、アルファベットの数と同じの13個というわけではない。「一般的に」Mと書いたにすぎない。これらの頂点の次数をそれぞれs_A、s_B、s_C、…、s_Mとする。とすると、辺の

数eは

$$e=\frac{1}{2}(s_{\mathrm{A}}+s_{\mathrm{B}}+s_{\mathrm{C}}+\cdots+s_{\mathrm{M}}) \tag{2.2}$$

となる。頂点の全次数をたしてやるということは、1本の辺をその両端の頂点からダブッテかぞえていることになり、したがって式（2.2）のように2で割って辺の数が求められる。もしグラフの中に次数2の頂点があっても式（2.2）は成立する。eは当然整数だから、つぎのような定理がなりたつ。

（**定理**）全頂点の次数の和は偶数である。

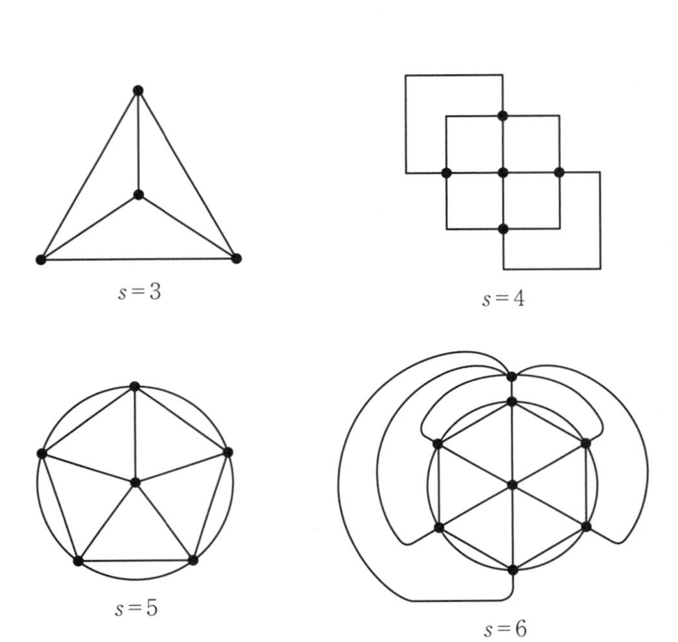

図2.8　正則グラフ

零ももちろん偶数のなかまに入れる。山手線は全次数が零の例である。もっとも駅を頂点だとする考え方もある。そのときには各駅の次数は2だから、やはり総和は偶数になる。次数が奇数である点を**奇頂点**、偶数である点を**偶頂点**とよぶことにしよう。すると上述の定理から

（**定理**）グラフにある奇頂点の数は必ず偶数個である。

という定理が導かれる。

いくらくやしがっても、偶頂点のほかに三叉路(さんさろ)を3つ持ったグラフなど描けはしない。

なお1つのグラフで、すべての頂点の次数がsであるものを、次数sの**正則グラフ**という。次数1の正則グラフは「一」と同相の図形だが、3以上のものについては図2.8のようなものが考えられる。ただしこの場合には辺の中途に新しい（次数2の）頂点を新設したりしてはいけない。

一筆がき

与えられたグラフの中の点や線の数の話は終わったから（辺をとり除いたり、新しく付けたりする話はあとまわし）、つぎは線上を動く問題、その代表的なものとして一筆がきを考えよう。一筆がきは極めてポピュラーな話題であり、改めて数学としてとりあげる以前にも、多くの読者にはなじみ深いことであろう。よく知られているように、同じ線（正確には辺）を2度通らずに一筆でかきつくすことをいう（ただし点として交差したり、出会ったりすることはかまわない）。

一筆がきのできる場合は、つぎのようなときである。

①　偶頂点ばかりで、奇頂点のないとき。この場合には

グラフ上のどこから出発しても、うまいことまわることによって一筆で出発点に戻ることが可能である（これを**オイラー・グラフ**という）。

② 奇頂点が2つであとは全部偶頂点のとき。この場合には一方の奇頂点から出発し、他方の奇頂点を終点とする。どちらを出発点にしてもかまわないが、以上の方法以外では一筆がきはできない。

①と②の条件にはずれるものは（つまり3個以上の奇頂点があるときには）、一筆がきは不可能である。可能か不可能かをアルファベットの大文字について調べれば

（可　能） B C D I L M N O P Q R
S U V W Z
（不可能） A E F G H J K T X Y

となろうが、実際の活字ではI、P、Vなど端にカザリがついていて、このような例としてはいささかまずい。

ところで①や②のとき、なぜ一筆がきができるのか。厳密に考えていったら話はいくらでもむずかしくなってしまうが、多少とも納得していただくというほどの意味で、①のように偶頂点だけでできているグラフとはどのような順序でつくられることが可能か……を考えてみよう。

最初は図2.9のAのようにジョルダンの閉曲線から話を始める。これが奇頂点のない最も簡単なグラフである。さて頂点Pをつくるがそれは偶頂点でなければならないから、最も簡単にPから2本の線が出るとする（図のB）。この2本の線は出っぱなしでは困る（端点、つまり奇頂点ができてしまうから）。当然いま1つQ点を設定し、そこからも2本を出す。それらを無事つないでB′のようになる。B′が一筆でかけるこ

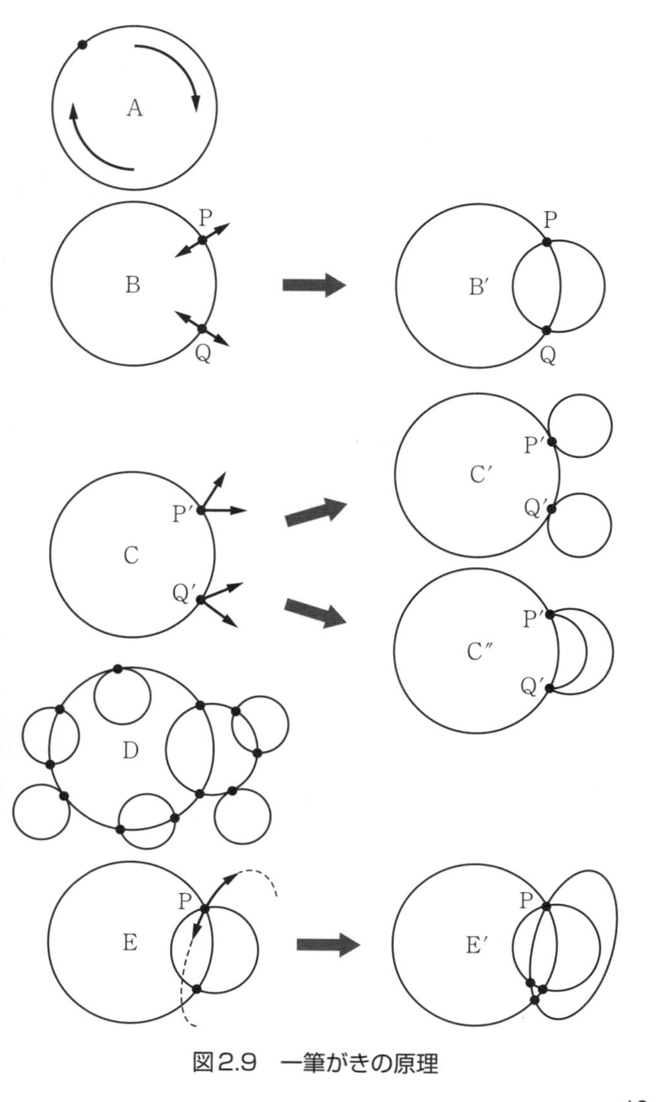

図2.9　一筆がきの原理

とはすぐわかる。大きな円をまわりながら、P点かQ点にきたとき小円の方をひとまわりし、再び大円上を動けばいい。もっともCのP′やQ′のように大円の外側に（あるいは内側に）2本がとびだすことも考えられる。このときにはC′かC″のように始末される。C″はB′と同相であり一筆がきが可能、C′の方はなおさら可能である。結局このような方法で四辻をふやしていけば、たとえばDのようになるが、B′やC′の一筆がきの方法をくり返すことによりDも可能である。

Eのように六辻をつくったらどうなるか。新しく出発した2本の道はどこかで結ばなければならないから（結ばなければ奇頂点ができてしまう）、たとえばE′のようになる。図Eで大円を歩いてきて、P点にきたとき、まず小円をまわり、ついで楕円をまわれば結局一筆がきになる。P点にもっとたくさんの円周がかさなっても、話は全く同じである。

結局、偶頂点だけのグラフは、大小たくさんの輪ゴムを、紙の上にバラバラと置いたものと同じである。輪ゴム同士は交わることもあろうし、接する場合もできてこよう。しかし、B′、C′、E′が一筆でかけるから、これらの方法を何度も用いて、結局は輪ゴムのかさなりを一筆でかくことが可能になる。始点は図2.9では大円上の一点にしたが、まわりまわってそこに還ってくるわけだから、つまりはどこを始点にしてもかまわない。

それでは②の場合はどうか。これはたくさんの輪ゴムの群の中に、1本のひもを置いたのと同じである。ひもの端は端点（次数1になる）かもしれないし、ゴムの一辺につながっていることもあろうし（次数3になる）、交点上にくるかもしれない（次数5以上になる）。とにかくこのときには、ひもの端から筆を進め、ゴムとの交点に来たら（おそらく交点はたくさんあるだろうが、どの交点でもかまわない）、そこでひもからはずれて、もっぱら輪ゴムをめぐりめぐってまわりつくし、再びその交点に戻ったら改めてひもの上を他端めがけて進む。こうして②の場合も一筆でかきつくすことができる。

　一筆がきの問題は、紙面にかいた図形だけとはかぎらな

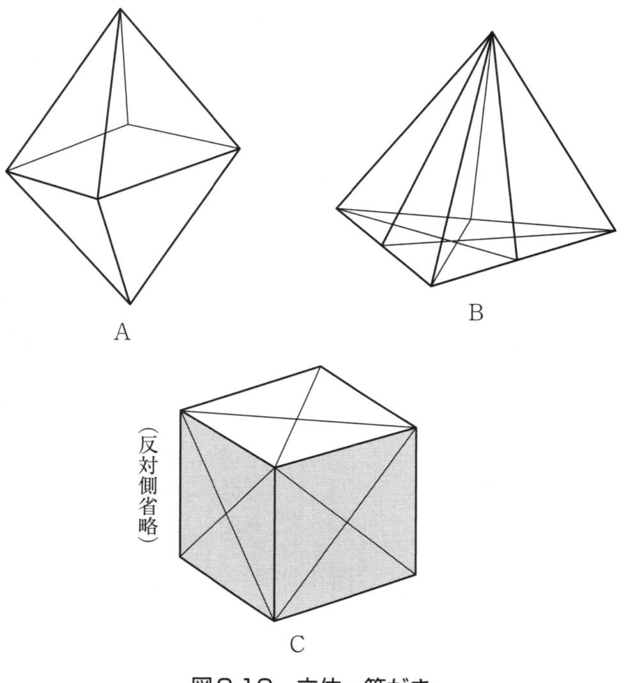

図2.10　立体一筆がき

い。やわらかい針金を適当に結んでつくった（平面グラフではない）立体的な線にも適用される。この場合にも可能な条件は、さきの①と②である。図2.10のAは正八面体の稜だがこれは可能、正四面体の稜は一筆でかけないが、Bのように1つの三角形に3つの垂線を引き、各垂線の足といま1つの頂点をそれぞれ結んだものは可能になる。

立方体の稜だけでは不可能だが、すべての面に2本の対角線を引いたCの場合には一筆でかける。図のA、B、Cともに奇頂点はないから、1本の辺（稜というべきか）だけ除いても、やはり一筆がきができる。

しかし一般に多面体では、八面体のような特別の場合を除き、頂点に3本の稜が集まっていることが多く、適当に線を加えないかぎり、一筆がきは不可能なことが多い。

ケーニヒスベルクの橋

ケーニヒスベルクの橋の問題は、この種の話には必ず引用される。18世紀のころ、ドイツのケーニヒスベルク（現在では、ソ連リトアニア共和国のカリーニングラード）に図2.11のように二俣川があり、さらに合流点の所に1つの島があった。7つの橋がかかっていたが、どの橋も1回だけ渡るようにして散歩ができないものか……というのが町の人たちの問題だった。出発点や終点をどこにおいてもかまわない。人々はいろいろ試みたが、「どうも不可能なようだ」と感じたらしいが、その理由を説明することができなかったという。

この問題は1736年にスイスの数学者オイラー（1707－1783）によって、一般的なグラフの問題として解かれた。彼

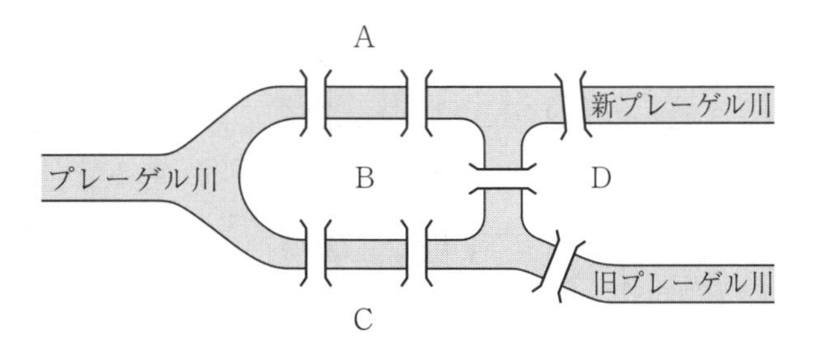

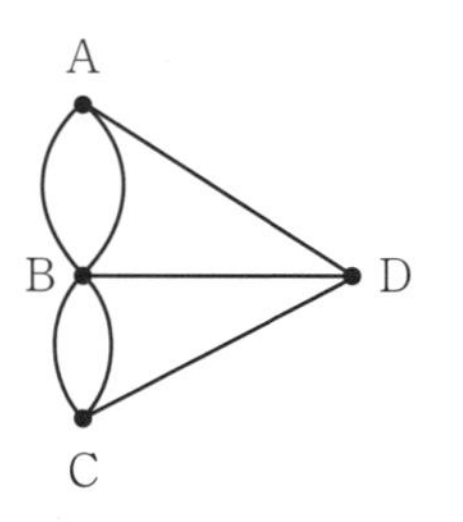

図2.11　ケーニヒスベルクの橋

はこれを図2.11の下の図のような線形グラフにおきかえ、一筆がきの問題として研究したのである。橋を辺に、島や岸を頂点にしても、問題の「ねらい」は少しも変わらない……と気付いたところに彼の卓見がある。このグラフは$n(5)=1$、$n(3)=3$で、とても一筆では無理である。

図2.12の上の図は、AからNまでがすべて部屋であり、隣室との間には全部ドアがある。このドア1つ欠かさず通り、しかも同じドアを2度通らないような移動の方法があるか……という問題はケーニヒスベルクの橋と同じである。下の図のように部屋を点、ドアを線として、一筆がきが可能かど

うかを調べればよい。すぐわかるように部屋F（あるいはI）を始点とし、I(F)を終点とすればいい。

図2.12は部屋の外に通ずるドアはないが、図2.13のような場合には「外部」をも考えなければいけない。ただし「外部」はグラフ化するときには1つの点になり、図2.13の下の図のようにこれをOとする。そうしてドアを辺とみなすと、OはBとDとは1つの線で、A、C、Eとはいずれも2本の線でつながる。図2.13ではB（あるいはE）を始点、E(B)を終点とする一筆がきが可能である。

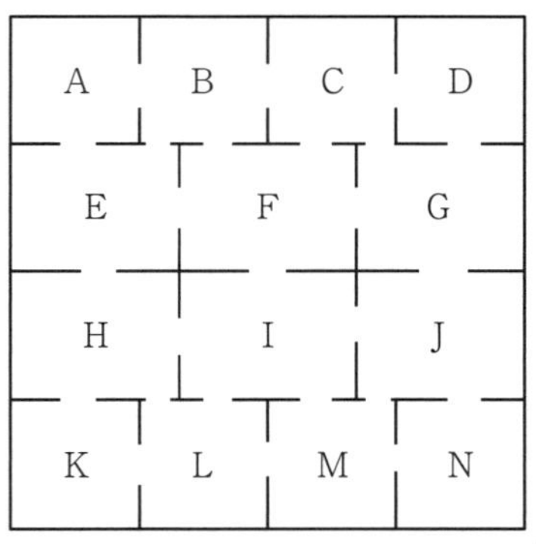

図2.12　扉の問題

交差点を通る問題

図形の一筆がきのつぎには、当然図形の中の各頂点のすべてを1回だけ通る方法……が検討されなければならない。最初は次数2の頂点はないものとして、たとえば図2.7のようなグラフを考えていこう。

すぐに気がつくのは

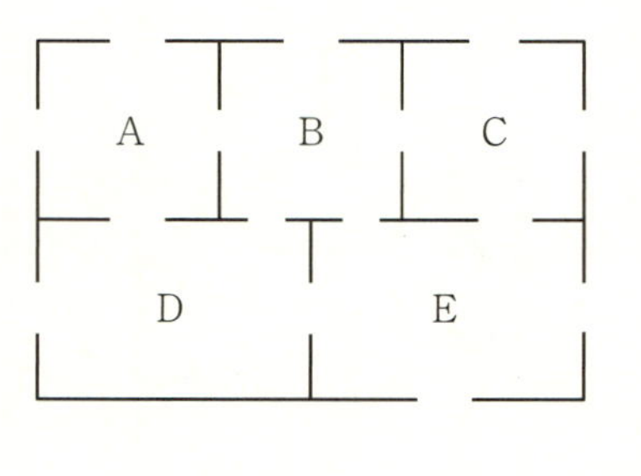

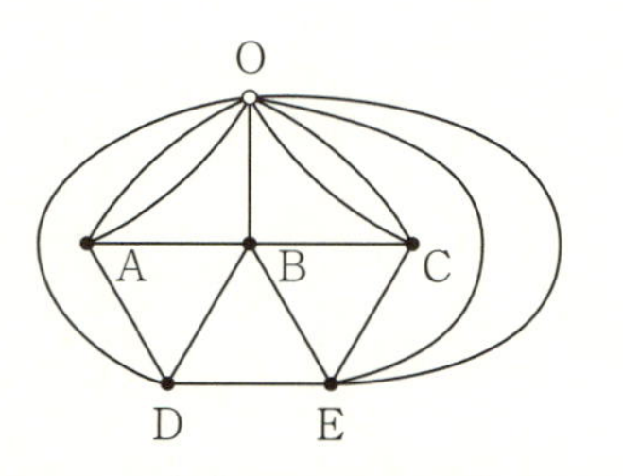

図2.13　外部にも通じる扉の問題

○端点が1つだけなら、この端点を始点か終点のどちらかにしなければならない。

○端点が2つなら、それらを始点と終点とにしなければならない。

○端点が3つ以上なら、不可能である。

ということである。

各頂点を1回だけ通る経路をハミルトンの道というが、結論をさきに述べると、ハミルトンの道については、一筆がきの場合のように明確な法則がみつかっていない。個々のケースに応じて、それなりに調べていかなければならないのである。

この問題でよく引き合いにだされるのが図2.14の上のグラフである。11個の五角形が対称的に集まって網をつくっている。このグラフで、すべての頂点をそれぞれ1回だけ通る経路は……たとえば図の太線がその解答の1つである。このように経路が閉じているとき（つまり、始点と終点とが一致するとき）これを**ハミルトン閉路**とよび、回路になっていないときには**ハミルトン開路**という。

図2.14の上の図は、実は正十二面体のすべての稜を、位相的な性質を変えることなく紙面に描いたものになっている。下の図が正十二面体であるが、これが伸縮自在の薄いゴム膜でできているとして（表面だけがゴムであり、中は全くつまっていない——つまり中空の十二面体と考える）、その1つの面だけをハサミで切り取り、除去された面の縁をおもいきり伸ばしてみると、上の図のようになる。下の十二面体のA、B、C、…などの面は、上の図に描かれたような位置になる。したがって「正十二面体では、ハミルトン閉路を描くことができる」というように、立体的な問題におき換えることが可能になる。

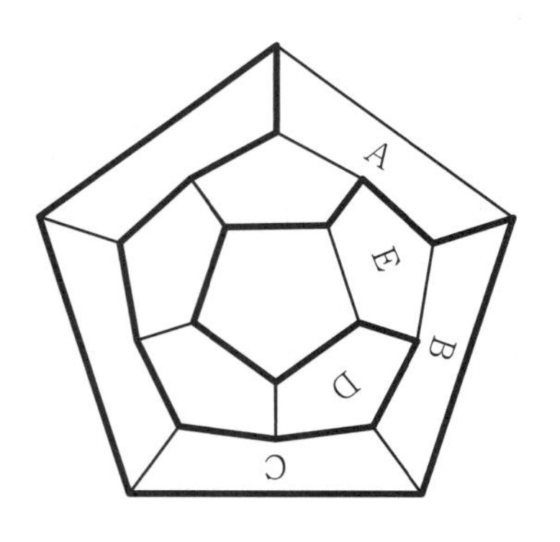

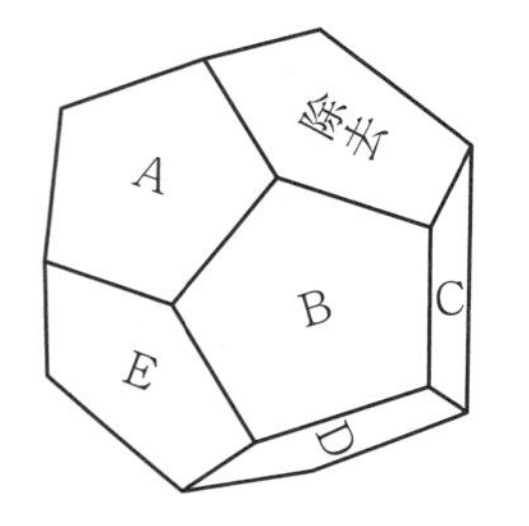

図2.14　正十二面体（下）とその1面を除去した展開図

規則的な図形とか、連続的な模様などにはハミルトンの道が描けるものが多い。一筆がきの場合のようにT字形交点が

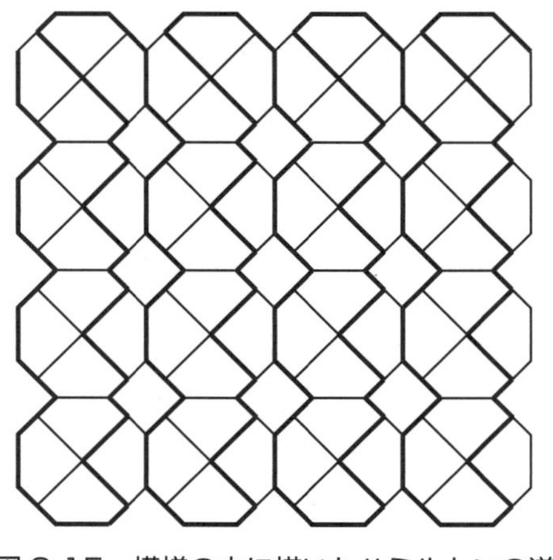

図 2.15　模様の中に描いたハミルトンの道

ありはせぬかなどとびくびくする必要はない。1つの例として図2.15の模様の中に、太線で描き入れてみた。この模様がこの形のまま、縦と横とにどんなに続いていても話は同じである。

あるいはここで「ハミルトンの道というのは、同じ頂点を2度通ってはいけないことはわかったが、それでは同じ辺を2回通ることはかまわないのか」と疑問を持つ人があるかもしれない。しかし……いいとかいけないとかの問題以前に、そんなことは不可能である。もし同じ辺を2回通れば、当然その両端の頂点も2度経過することになってしまう。つまり、1つの頂点を2度通ってはいけない……という条件の中に、1つの辺を2回経由することはないという事実が含まれていることになる。

周遊旅行のはなし

第1章のはじめに片道乗車券の話を詳しく述べた。要はなるべく安い運賃で旅行しようという魂胆であった。ところが国鉄には均一周遊券およびミニ周遊券というのがある。これを買えば、指定された範囲の中ではどのような経路で移動してもかまわない。

北海道周遊券なり東北周遊券なりを買っても、北海道全体あるいは東北地方のすみからすみまで見物しようというわけではない。その地方にある何ヵ所かの名所、古跡を訪れようとする人が大部分である。そうして、同じ場所に2回行くことはない。ということになると均一周遊券の使い方はハミルトンの道に似てくる。もっとも、訪問先をあらかじめきめたセールスマン、集金人の経路、都市でのゴミ集めなどみな同じ種類の問題になるが、経路の全行程の長さを気にしない……という意味では、均一周遊券の使い方という話が最も適当である。北海道や九州では、端から端まで夜行に乗って宿泊代を浮かすことも考えられる。

図2.16は本州の各県（都、府も含めて）のすべてを、ただ1回だけ通る経路を描いた。隣接している県境は、鉄道や道路のあるなしにかかわらず越えられるものとした。もちろんこのほかにも別の経路がたくさん考えられるが（しかも、必ずしも青森県と山口県とを両端にしなくてもいい）、ハミルトンの閉路をつくることは不可能である。日本海から瀬戸内海につき抜けている兵庫県が、ハミルトン閉路を描くうえでの障害になっていることは容易にわかるであろう。

図 2.16　各県を 1 回だけ通る方法

ハミルトンの道が描けるかどうかを調べるには、必ずしも図2.16のような詳細な地図を必要としない。県（都、府）を点で、隣接する県同士を辺でつなげばいい。この方法でヨーロッパ旅行を考えたのが図2.17である。ドイツは東西を1つと考え、イギリスは島国だから除き、またソ連やスカンジナビア半島の諸国も除外した。その他モナコのような小国も無視してしまうと、図のような点と線との平面グラフができあがる。さて各国を1度だけ経由して、ヨーロッパ全諸国の見

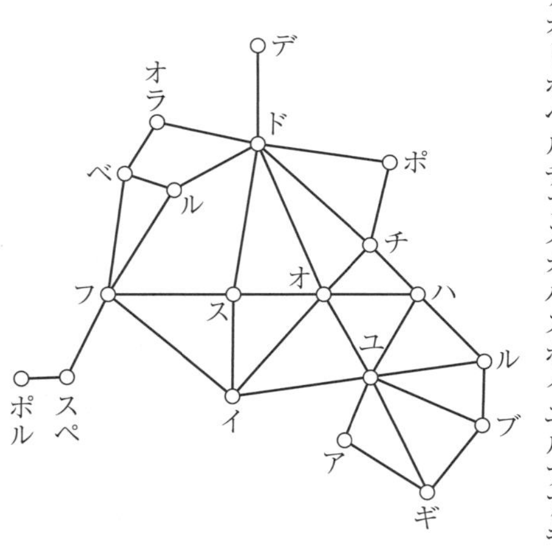

図2.17　ヨーロッパ諸国の国境

物が可能だろうか。

図からすぐわかるように、デンマークとポルトガルとを始点と終点とにしないわけにはいかない。ポルトガル・スペインの方はまだ「たち」がいいが、困ったのはデンマークの側である。デンマークはドイツだけに隣接し、このドイツはさらに次数2の点2つ（オランダとポーランド）に接している。図2.14や図2.15のときには次数2の頂点は考えなかったが、このような応用問題では次数2の点が現われても仕方がない。もしデンマークを始点としてドイツ・オランダと進めばポーランドに行く余地はなく（ポーランドを終点とするなら話は別だが……）、逆にポーランドを見物するならオランダは割愛せざるをえない。つまり図2.17のヨーロッパ旅行は、デンマーク、オランダ、ポーランドのうちの1つをオミットしないかぎり、ハミルトンの道をつくることが不可能である。

3 都市計画のはなし

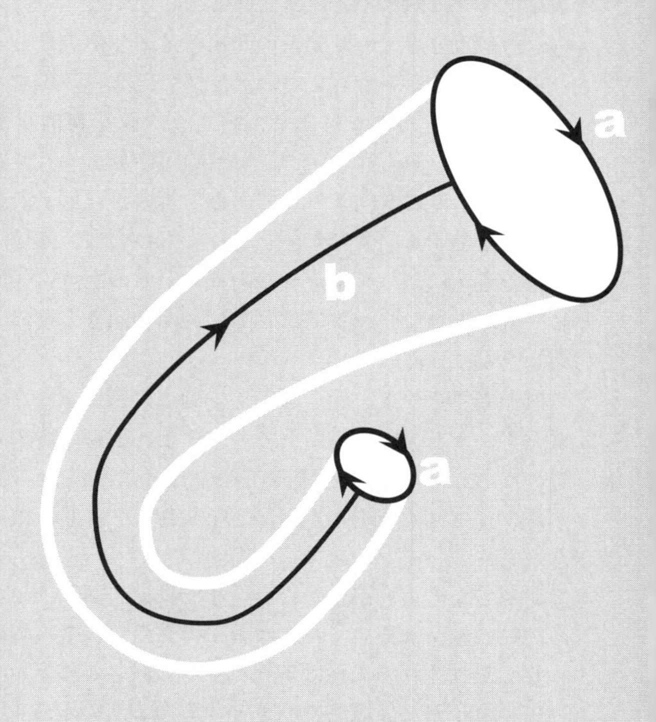

矢印のある道

片道乗車券とは、元来が**向き**を持ったものである。東京発大阪ゆきの切符で、大阪から東京へ向かう列車へ乗車することはできない。前章までは位相とはなにかを重点的に考えてきたためその向きを考慮することはしなかったが、ここしばらくは向きをも含めて線系の問題を考えていこう。

頂点と辺とからできているグラフで、その辺のすべてに矢印をつけて方向性を持たせたとき、これを**有向グラフ**とよぶ。たとえば図1.8のタテ社会の人間関係は、現実の問題としては明らかに有向グラフである。ボスから部下の方向に、つまり命令する向きに矢印をきめてもいいし、逆に子分から親分の方向に、つまりテラ銭のピンハネの向きに矢印を定義してもかまわない。要ははじめに矢印の向きをどのように約束したかによる。

樹形の任意の点を始点として、始点の側からそうでない側につぎつぎと矢印を描くものとすると、樹形の中のすべての辺の向きはきまってしまう。このことは図1.9からもすぐわかるが、こんな場合の始点（図1.9のI）を樹形の**根**ということがある。

樹形でなくてもかまわない。また鉄道の話になるが、全国の国鉄の線路は極めて複雑な線系のグラフになっている。そうしてそれぞれの線路は下りと上りの向きが確定している。列車のダイヤには線路の向きと矛盾するものもあるが（たとえば大阪発青森ゆきの特急「白鳥」は下り列車であるが、大阪から米原にかけて、上りの線路を走る）、線路の上り、下りの向きはきまっている。だから国鉄の線路は、東京を中心とする有向グラフであるといえる。

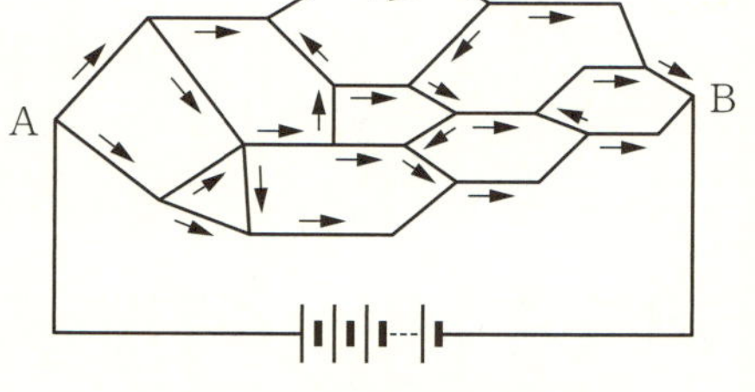

図3.1　回路を流れる電流

また電線を、最終辺をつくらないように網目状に配線し、その2点に電位差を与えれば図3.1のようにおのおのの辺には電流が流れる。1つの辺の両側がたまたま同じ電位になるなどという偶然は、一般には考慮しなくてもいい。もっとも人為的に等電位にする装置もつくられており、これをホイートストン・ブリッジというが、自然は偶然を嫌うものである。1つ1つの辺の抵抗がわかっていれば（難易は別にして）いわゆるキルヒホッフの法則により電流は計算される。つまり……電気回路は有向グラフの一種である。

あるいはまた線系のグラフが山の斜面にあるような場合を考えてもいい（この場合には最終辺があってもかまわない）。このとき水の流れる向きはきまっている、これを矢印にすれば、やはり有向グラフになる。

図3.2は血液型と輸血可能の向きを示したグラフである。これなど、やはり一種の有向グラフといえる。

大学生の悩み

有向グラフを活用する例として、つぎのような問題を考えてみよう。ある大学の理科の学生が修得すべき学科目が、下に例挙したように13科目であるとする。もちろん選択制ではなく、全科目必修である。

数学Ⅰ、数学Ⅱ、数学Ⅲ、化学Ⅰ、化学Ⅱ、化学Ⅲ、数理化学、物理Ⅰ、物理Ⅱ、物理Ⅲ、物理数学Ⅰ、物理数学Ⅱ、物理数学Ⅲ

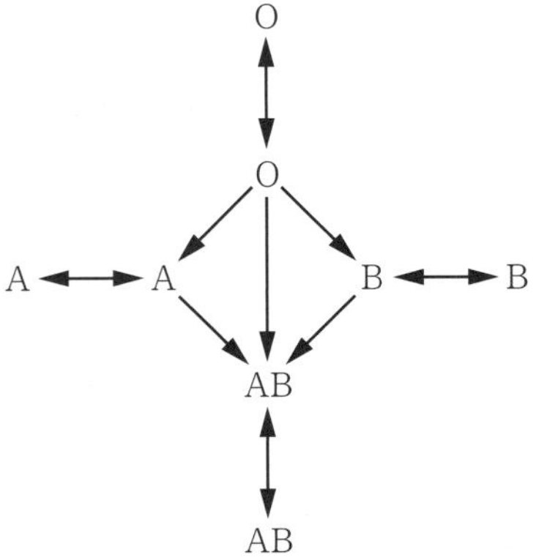

O
O
A
A
B
B
AB
AB

図3.2　血液型と輸血の関係，矢印の向きにだけ輸血が可能

数理化学などという科目があるのかどうか著者は知らないが、ここは話の都合上曲げて承知していただきたい。物理数学などという科目を持ちだすのもまぎらわしいが、話に多少とも現実性を持たすため、これも認めてもらうことにしよう。さて学生はこの13科目を履修するわけであるが、履修の順序として大学にはつぎのような規則がある。

①数学、化学、物理、物理数学はそれぞれにおいて、Ⅰ、Ⅱ、Ⅲの順序に履修しなければならない。

②数理化学の履修は、数学Ⅰを修得した後でなければならない。

③物理数学Ⅰは数学Ⅰを修得した後でなければならない。

④物理Ⅱは物理数学Ⅰを修得した後でなければならない。

⑤化学Ⅱは数理化学を修得した後でなければならない。

⑥数学Ⅲは物理数学Ⅱを修得した後でなければならない。

⑦物理数学Ⅲは数学Ⅱを修得した後でなければならない。

⑧物理Ⅲは物理数学Ⅲを修得した後でなければならない。

さあえらいことになってしまった。この規則を見て頭の混乱しない人は、よほどサエテいる……というよりも、天才的な分析力を持った者であろう。

このようなときには有向グラフを描くにかぎる。図3.3がそれであり**有向辺**（つまり矢印の線）が1つの科目を表わし、丸印（BとかFとか）は何がしかの科目を修得した状態に相当する。

1つの頂点に注目したとき、その頂点に有向辺が入っているものを（つまり辺の矢印が頂点の方を向いているとき）これを**入ってくる辺**、反対に頂点から出ている有向辺を**出て行く辺**とよぶことにしよう。

さて図3.3の、たとえばB点は化学Ⅰと数理化学との「両方」を修得した状態、Fは数学Ⅱと物理数学Ⅱとを修得した状態（したがってFでは、当然物理数学Ⅰも物理Ⅰも数学Ⅰも修得していることになる）というように、図の中の点では、その入ってくる辺の「すべて」の学科を修得したものと解釈する。この図と、さきほどの①～⑧の条件とをじっと見くらべていただければ、かなり事柄が明解になろう。Aが始点でHが終点であり、学生はすべての辺を矢印の向きに通らなければならない。各辺は1回ずつ（落第した場合には2回通

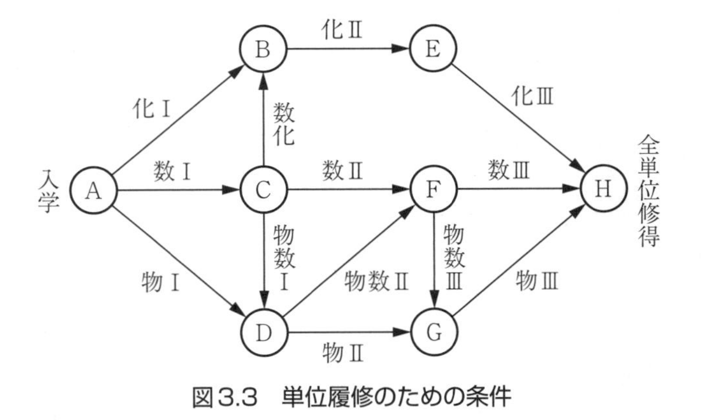

図3.3　単位履修のための条件

らなければならないが、落第の話は除外しよう)、頂点の方は必ずしも1回だけ通るとはかぎらない。

とにかく図3.3は、これまでの一筆がきともハミルトンの道とも、全く性質の違うグラフである。従来の話と混同してはいけない。入学（始点A）すると、化Ⅰ、数Ⅰ、物Ⅰの3本の辺を、1人の学生は同時にたどり始めるのである。これまでのグラフではいつも1つの点だけが辺上を動いていたが、今度の場合は同時に何本もの線上を動く……というように、こんなふうにグラフを活用することも可能なのである。

さて図3.3で履修の順序は大分はっきりしてきたが、せっかく有向グラフが描けたのだから、何とかこれをもう少し利用する方法はないものだろうか。

13科目の講義は、13の教室でいつでも開講されているとしよう。そうしていささか非現実な仮定だが、各講義修得に要する時間は、図3.4の上の図のように、物理数学および数理化学はすべて2ヵ月、数、物、化のⅠ、Ⅱはすべて3ヵ月、それらのⅢは4ヵ月かかるとする。そうして講義は、いつ聞き始めていつ終了しようと、とにかく所定の何ヵ月かを聴講すればいいとする（ちょうど入れ換えなしの映画館のように）。もちろんこんな規則の大学はないが（教習所とか特別な各種学校にはあるかもしれない）、これもグラフの学習のための方便だと思って認めていただくことにしよう。

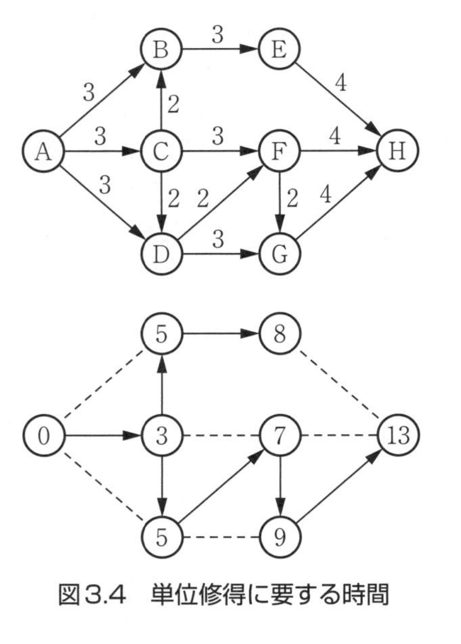

図3.4　単位修得に要する時間

このとき、全科目を最小時間で修得するのには何ヵ月が必要か……という問題が、このグラフから解けるのである。

図3.4の上の、2とか3とかは所要時間を表わしているが、これを辺の長さだと考えてもいい。このとき全所要時間は、始点（A）から終点（H）に有向辺をたどって行きつく「最も長い」経路を探せばいいのである。それはA・C・D・F・G・Hの順序で計13ヵ月である。13ヵ月の間には、他の辺（つまり他の科目）もすべて修得ずみのはずである。たとえばE点に到達するには8ヵ月でいいが（図3.4の下の図の丸の

中の数字は、その点に達するまでの時間)、Eから化学Ⅲを履修してHには12ヵ月で達するではないか……という論法は通用しない。確かにB・E・Hの経路はFやGを経由する道より短いが、12ヵ月では学生はまだ物理Ⅲを履修中である。こんなわけで、全所要時間を求めることは、有向グラフの中での**最長経路**(これを**臨界路**ということがある)を求める問題におきかえられる。

以上の問題は、学科目修得の場合だけでなく、多くの仕事を同時にもしくは順次に行なうときの計画方法として、非常に幅広く応用されるのであるが……実をいうとトポロジーという研究分野からは、多少逸脱している。辺に「長さ」(時間でも同じ)という量を規定することは、トポロジーの思想の中にはない。図3.3はともかく、図3.4の方は、グラフ理論という学問分野に属するものである。というよりも、ここでの話のようなグラフの研究を、幅広くグラフ理論とよび、厳密な意味ではトポロジーと区別するのがふつうのようである。

カスバ

再び「量を考えない」有向グラフの話に戻ろう。近頃では自動車の数がふえ、道路の各所で渋滞が起こっているため、道路のある部分で一方通行を実施することが非常に多くなった。ふつうには2本ある平行道路のうちの、一方が東ゆきなら他方は西ゆきというように規制しているからそれほど不自由は感じないが、この一方通行の問題をもっと一般化して考えてみることにしよう。

頂点と辺とでできた任意の平面グラフ（連結であるとする）があるとき、すべての辺を一方通行としてみる（ただし次数2の頂点は考えないことにしよう）。

さてこのとき、辺の上の任意の1点から、他の任意の1点に、交通違反をおかすことなく、行くことが可能であるか。もちろん、どんなに遠まわりになってもかまわないものとする。

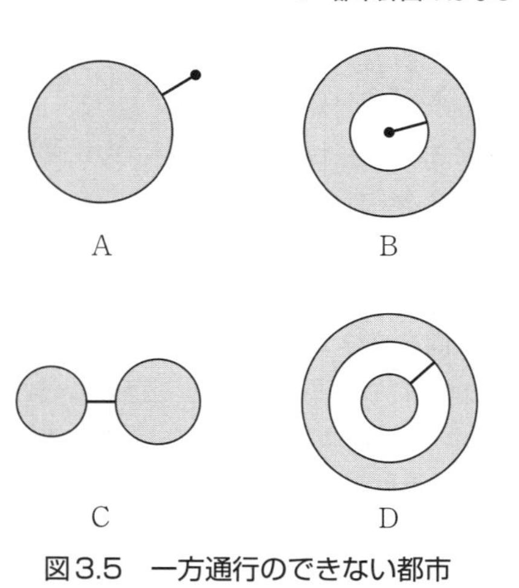

図3.5　一方通行のできない都市

必ずしも可能ではないことは図3.5で明らかであろう。図で網かけでおおわれた部分は、最終辺を持たない複雑な網目の回路だとする。このときAのように外部に最終辺のつきでたもの、Bのように都市のなかにあって、袋小路になったもの（この袋小路も同じように最終辺とよぶ）、CやDのように2つの市街地がわずか1本の道路でつながっているものはだめである。なおCなどのように橋渡しをしている辺を**橋**とよぶことがある。

だから図3.5のケースは除いて、1つの複雑な網目状の都市について考えていこう。このとき一方通行の話は、つぎのように2つの問題に分けて考えられる。

①各辺が一方通行であるとき、任意の点から他の任意の点に到達できるためには、どのような条件が必要か。

②われわれが都市交通の責任者であり、各辺の向きをこれからきめてやろうとしているとき、任意の点から他の任意の点に到達できるような一方通行規制の方法が常に存在するか。もし存在するならば、どのように各道路の向きをきめればいいのか。

まず①から考えよう。交通事情など全くとんじゃくしない誰かが、都市の各道路に勝手に向きをきめてしまったのでは(図3.5以外の場合でも)、行けない場所ができてしまう。早い話が、ある頂点に集まる道路がすべて入ってくる辺だったらその付近の住人は頂点まで来て動きがとれなくなるわけであるし、すべてが出て行く辺だったら付近の住人は頂点へ行

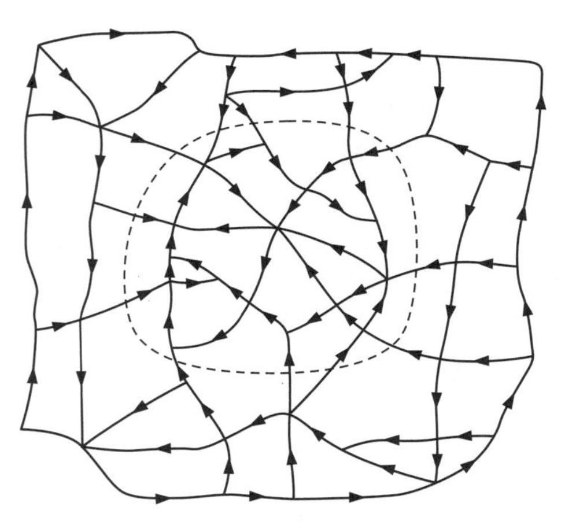

図3.6　カスバ

映画「望郷」で有名なカスバは，北アフリカのアルジェリアの首都アルジェーの一角にある。ジャン・ギャバン扮するペペ・ル・モコはこの地の英雄であったが，やがてスリマン刑事の罠にかかり……。このカスバがアルジェリア独立戦争の発火点になったのも興味深い。

くことができない。

それではすべての頂点（交差点）が出と入りとをともに持っていればいいのかといえば、そう簡単にはことが運ばない。図3.6はカスバのような市街路であり、すべての頂点（つまり分岐点）には出と入りとの両方がある。ところが点線で囲んだ中に住んでいる人たちは、どうもがいても点線の外に出ることはできない。点線をよぎる辺はすべて内側に向いているからである。結局あらゆる辺に向きがあるとき、始点から終点にまで到達可能なための条件は、市街地のどの部分にジョルダンの閉曲線を当てはめてみても、必ず出と入りとが存在しなければならない……ということになる。この法則は図3.5のような場合も含めて、一般的に成立する。

図3.1の電気回路の例では、電池を含む回路も含めて考えれば到達可能だが、電池の部分を除いたら到達不可能である。電池を除けば図のA点のまわりは出る辺ばかり（と言ってもA点は次数2であるが）、B点には入る辺だけしかないからである。山腹にある網目状の水路も到達不可能なことはすぐわかるだろう（水は下から上にはのぼらない）。極大点（出る辺だけ）と極小点（入る辺だけ）があるため、到達可能のための条件は成立していない。

一方通行の街にする

それでは②の問題にうつり、ある市街があったとき（図3.5の場合を除く）、それぞれの辺の向きをうまいことときめてやると、すきな地点からすきな場所へ行くことが可能になるか。結論を先に言えば……可能である。

まず市街の最も外側の道（必ずしも外でなくてもいいが、話をわかりやすくするため外側とする）からできる回路に注目し、この回路を同じ向き（たとえば時計と反対まわり）に方向づける。図3.5の場合を除けば、市街には少なくとも1つの外周回路があるのは確実であるし、それを一定の向きに方向づければ、回路上の1点から他の1点に行くことはいつでも可能である。

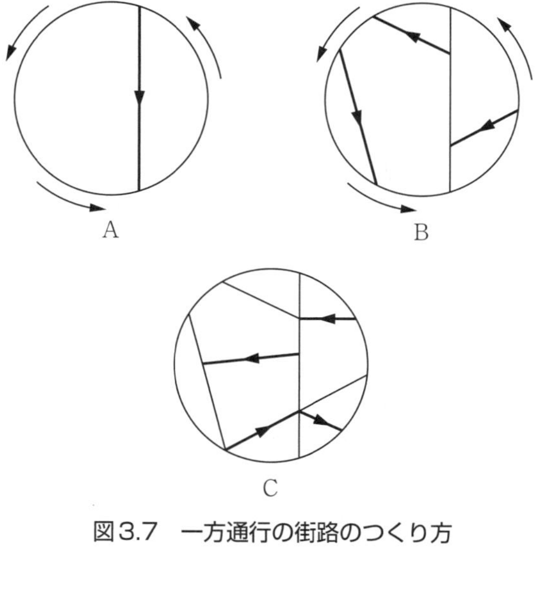

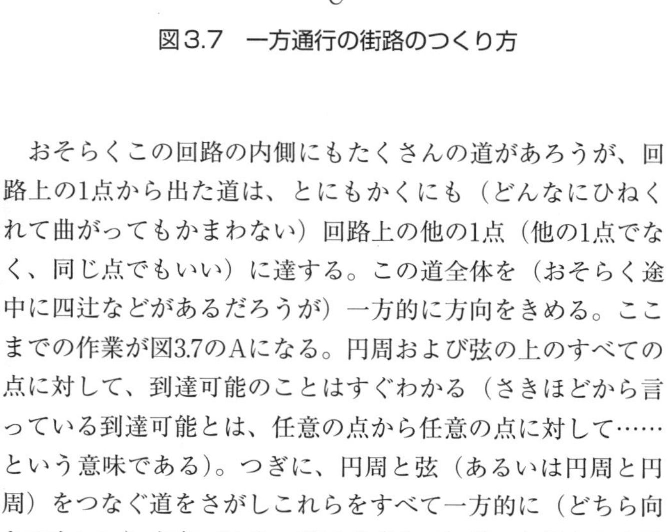

図3.7　一方通行の街路のつくり方

おそらくこの回路の内側にもたくさんの道があろうが、回路上の1点から出た道は、とにもかくにも（どんなにひねくれて曲がってもかまわない）回路上の他の1点（他の1点でなく、同じ点でもいい）に達する。この道全体を（おそらく途中に四辻などがあるだろうが）一方的に方向をきめる。ここまでの作業が図3.7のAになる。円周および弦の上のすべての点に対して、到達可能のことはすぐわかる（さきほどから言っている到達可能とは、任意の点から任意の点に対して……という意味である）。つぎに、円周と弦（あるいは円周と円周）をつなぐ道をさがしこれらをすべて一方的に（どちら向きでもいい）方向づける。道は必ずすでに描いた線から出発し、しかも既成の線に終わっている。そうでなければ袋小路になってしまう（この段階が図のB)。Bにおいても線上の点はすべて到達可能である。

さらに道は多いだろうが、新しくチェックする道は既成の(つまりBまでに方向づけのすんだ）道から既成の道につないで、この線を一定方向に方向づける。これをくり返していくと、結局有向グラフになる（図のC)。すでに調べた道は到達可能で、新しくチェックした道も到達可能だから（図のBを参考にして考えてみれば、どんどん新しい部分を考えていっても、すべてが到達可能であることがわかる)、結局市街地全体が到達可能になる。以上のように「たんねん」な作業のもとに道の向きをきめていけばいいのであるが、途中でいい加減な方向づけをすると、さきのカスバ（図3.6）のようなことになってしまう。

水道完備ガス予定

有向グラフの話は一応打ち切ることにして、つぎには平面的でない線を考えることにするが、まずパズルの問題から始めることにしよう。広い平面の土地に一郎、二郎、三郎の家がそれぞれ新築された。ところでこの土地の3ヵ所に水道、電気、ガスが来ている。その3ヵ所からいずれも3人の家へ、それぞれ3本の水道管、電灯線、ガス管を引きたい。当然9本の線を引くことになるが、もし全部を地面の上に敷くものとしたら、これらを交わることなく配置する方法があるだろうか。

この問題は、水道・電気・ガスのパズルといわれることもあるが、あまり現実的な話とはいいがたい。ガス管と水道管とは地中に埋めるのがふつうであるし、電線は空中に架ける。だから平面的に交差するかどうかなどということは問題にならない。そのため話を変えて3軒の家と、井戸、牛小屋、道具小屋などとし、9本の道を交わることなくつくることができるか……とした方がピッタリくる。ときにはこのパズルを、三軒の農家の問題……とよぶひともいる。

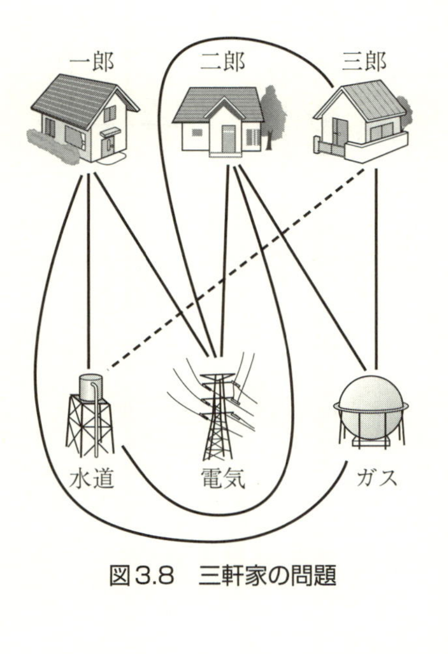

図3.8　三軒家の問題

パズルの名はどうでもいいが、図3.8のように8本までは交わることなく引くことが可能だが、最後の1本がどうにもならない。つまり、交差なしで平面的に9本の線を引くことは不可能である。

家と井戸の位置がマズイのではないか。両者の場所をもっと工夫してみたら……と思われるかもしれないが、図3.9のように白丸が家、黒丸が井戸など、としていろいろ考えてみても、結局はだめである。

一般にm個の白丸とn個の黒丸があり、白と黒との間を必

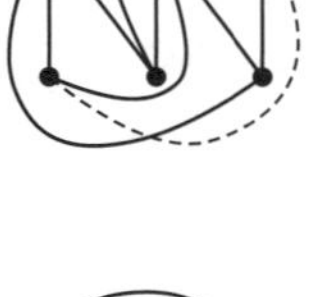

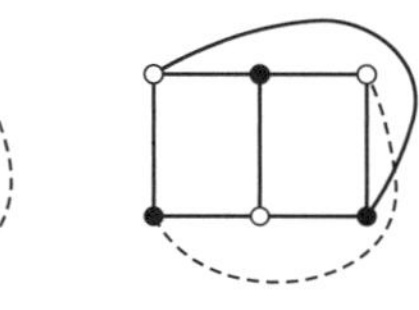

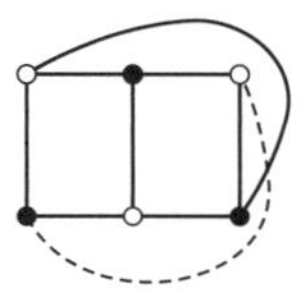

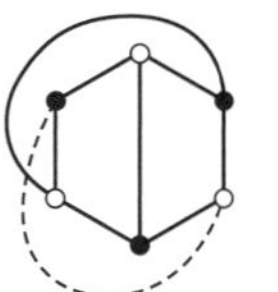

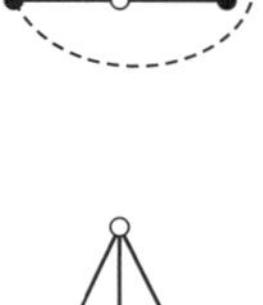

図3.9　完全 3−3 点グラフ

ず結ぶようなグラフを**完全$m-n$点グラフ**とよぶ。当然mn本の線を引くことになるが、たとえばA校からm人、B校からn人の選手を選出し、両校の選手は必ずぶつかるような個人試合（角力（すもう）とか柔道とか）などは、この線グラフに相当する。必ずしも総当たりでなければ、「完全」の文字をはずして、単に$m-n$点グラフといえばいい。そのときには、試合の行なわれる個人同士を適宜結んでやる。

もし試合校がC校（選手s人）、D校（t人）、……ということになると$m-n-s-t-\cdots$点グラフとなり、図形は複雑になる。電気回路の配線、ラジオ、テレビ、さらにはもっと精密なI.C.（集積回路）などは、この種の問題の応用になっている。そうして完全3−3点グラフで平面的に交差なしで結べる線はたかだか8本であり、それ以上の線は（交わりをつくらないためには）立体的に配線しなければならない。

一匹狼の試合

前節では白丸同士、黒丸同士は結ばなかったが、すべての

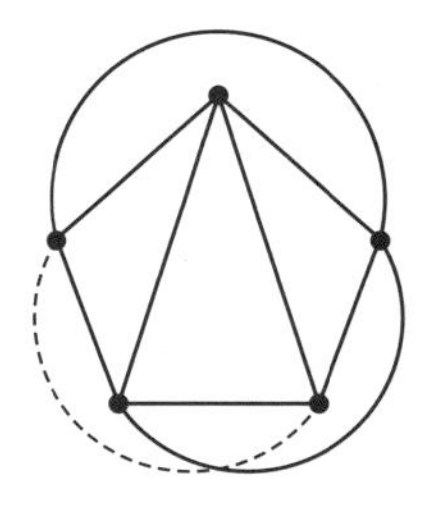
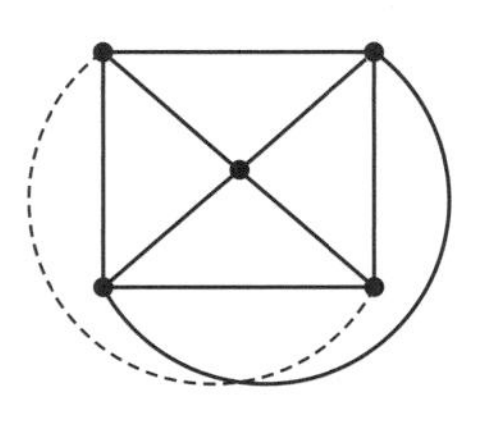

図3.10　完全５点グラフ

点が一匹狼であり、他の誰とでもぶつかる場合はどうか。一般にn個の点があり、すべての点が相互に辺で結ばれているとき、これを**完全n点グラフ**とよぶ。すぐ見当がつくように、nが大きいときには（交わりをつくらないためには）立体的にしなければならない。図3.10からわかるように、完全4点グラフなら平面的であるが、$n \geqq 5$のときには立体交差にせざるをえない。

完全n点グラフでは、1つの点からでる辺の数は$n-1$本であるからこれに点の数nをかけて$n(n-1)$。しかしこれではすべての辺を両側の点からかぞえることになるから、結局2で割り、辺の数は全体で$n(n-1)/2$になるわけである。

n点グラフは実際にはさまざまな分野で利用される。たとえば物理学では気体分子の統計力学にうまく応用されている。分子を点で表わし、相互作用のある（つまり力を及ぼし合っている）分子同士の間を辺で結ぶ。こうして辺の結び方のあらゆる「方法の数」を列挙していき、これを展開形式に書き表わす。あるいは素粒子論などで、素粒子（たとえば電子や光子）の軌跡を辺とし、素粒子の転換（たとえば電子による光子の放出や吸収）を点とする。アメリカの物理学者ファインマンなどは、この図を巧みに利用して電磁量子力学を研究している。

完全5点グラフおよび前節の完全3－3点グラフは、平面に描けないギリギリのグラフである。このことは重要な事実であり、証明は省略するが、一般的につぎのようなことが言えるのである。

（**定理**）グラフが平面的である必要十分条件は、それが完全5点グラフまたは完全3－3点グラフを部分として含まないことである。

以上を**クラトウスキーの定理**とよんでいる。クラトウスキーはポーランドの数学者だが、一説によるとソビエトの数学者ポントリャーギンは彼よりも早くこの定理を発見したが未発表のまま終わったという。

クラトウスキーの方はともかくとして、三軒の農家の問題や、5人の一匹狼の話で、なぜ線が平面的でないかの証明をしよう。ただしこの証明には面や立体についての知識が必要であり、それらは本書では後に述べる予定になっているから、この証明を読むのはあとまわしにされてかまわない。とにかくオイラーの公式などは、一応知っているものとして（どうせすぐあとで出てくるから）話を進めることにする。

一般に1つの多面体の頂点の数がv、稜（グラフ理論では辺とよんでいる）の数がe、面の数がfであるとき、すぐあとで証明するように

$$v-e+f=2 \quad (3.1)$$

の関係がある。いま特別のケースとして、すべての面がn辺形である多面体を考えてみよう。このときには

$$e = nf/2 \quad \text{つまり} \quad f = 2e/n \tag{3.2}$$

である。各稜は、それを共有する両方の面からダブッてかぞえられているから、左の式の分母に2がくるわけである。式（3.2）を式（3.1）に代入すると

$$v - e + \frac{2e}{n} = 2 \quad \text{つまり} \quad e = \frac{n(v-2)}{n-2} \tag{3.3}$$

となる。これが、各面がn辺形である立体の頂点の数（v）と、稜の数（e）との関係を示したものである。

ところで、一匹狼の場合のグラフ図3.10を見ていただきたい。各点をそれぞれに結ぶ線によってできる面の形はすべて三辺形である。線が曲がっていることもあろうから、三角形といわずに、ギコチナイ言葉であるが三辺形とよぶことにした。式（3.3）のnに3を代入すれば

$$e = 3v - 6 \tag{3.4}$$

となるが、これはすべての面が三辺形であるところの立体の、頂点の数（v）と稜の数（e）との関係を表わしている（この場合には、直接には関係ないが$2e = 3f$および$2v = f + 4$も成立する）。

立体を紙に描き表わす（つまり平面グラフにする）ためには、図2.14で説明したように多面体の1つの面だけを除去すればいい。面を除いても、点の数と稜の数は不変に保たれる。つまり式（3.4）は、三辺形を平面につらねて描いたときの（一匹狼の問題ではいつもこうなる）点の数と、点を結んで交差なしに引くことのできる線の数（の最大）との関係を示している。点が（図3.10ではnとしたが、ここでの記号はvである）3なら線は3本、点が4なら線は6本、5なら9本、6なら12本……となる。ところが完全5点グラフでは$v = 5$に対

して$e=10$を要求している。これは式（3.4）から明らかに不可能である。つまり完全5点グラフは平面の上には描けない。

一方図3.9の完全3－3点グラフでは、面はすべて四辺形になっている（白・黒・白・黒を頂点とする）。各面が四辺形である立体（あるいは平面図）の頂点（v）と稜（または辺：e）との関係は式（3.3）に$n=4$を代入し

$$e=2v-4 \tag{3.5}$$

であり、与えられたvに対して、eの値が上の式を満たすか、またはこれより小さければ、新しい交差点をつくることなく平面的にグラフを描くことができる。ところが井戸の問題では$v=6$したがって$e=8$であるにもかかわらず、9本の道をつくることを要求している。白や黒をどのように配置しても、立体交差なしに9本の線を引くことは不可能である。

たんぼに水を

面の問題にはいることにしよう。図3.11の上の図はたんぼのあぜ道である。周囲は全部沼だとする。沼の中にあぜ道がつきだしているが、このことはいまの問題に本質的な関係はない。図形的にいえばあぜ道が辺、最小回路で囲まれた部分（個々のたんぼ）を**面**（あるいは**面分**）という。さて、たんぼには水が無いとする。だから周囲の沼からとり入れなければならない。そのためにはあぜ道をこわす必要がある。図のような場合、全部のたんぼに水を引くためには、最小何本のあぜ道をこわさなければならないか。

1つのあぜ（辺）を消すごとに1つのたんぼが沼とつながる。結局f個の田を全部沼とつなげるためには最小f本のあ

ぜを除かなければならない。このようにして田（面分）をなくしてしまった後に残るあぜ道は樹形である。

また反対に、最初に樹形から出発して、新しい辺と面とをつくっていく場合も同様に論じられる。したがって連結グラフに回路があるとき、式（1.1）は一般化されて

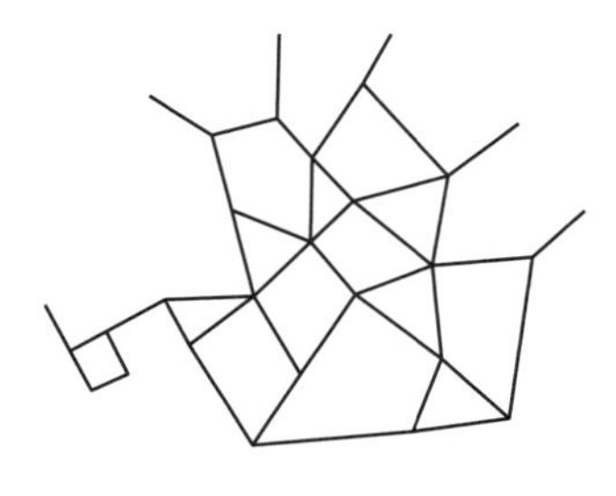

図3.11　あぜ道をとる

（頂点の数）－（辺の数）＋（面分の数）＝1：$v-e+f=1$　　(3. 6)

となる。グラフの中で次数2の頂点を考えても、この式はそのまま成りたつ。面といっても、必ずしもたいらでなくてもいい。曲がっていても頂点間の線を辺とよぶのと同じように、凸凹があっても面は面である。

式（3.6）の右辺が1であるのに対し、式（3.1）では2であった。式（3.1）が多面体であるのに対し、式（3.6）は多辺形だからである（最終辺がついているかどうかはこの際問題ではない）。多面体と平面上の図形との一般的な違いは、後に詳しく述べることにする。なおたんぼのような面は、常に面分とよんだ方が誤解は生じないが、わずらわしいから特別の事情のないかぎり、今後は面ということにしよう。

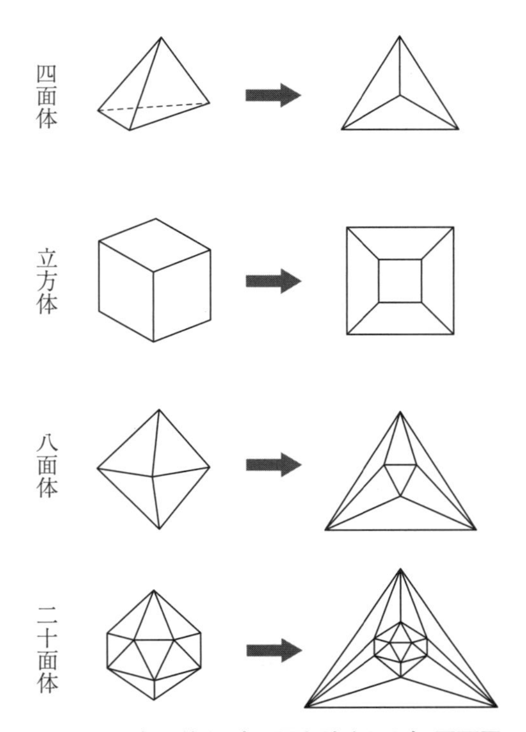

図3.12　多面体と（1 面を除去した）平面図

面の話の途中だが、式（3.1）と式（3.6）との比較の問題がでたから、オイラーの定理を説明してしまおう。すべての多面体は1つだけの面をとり除くことにより、頂点と稜との数を変えることなく、平面グラフに書き直される。図2.14で十二面体の場合を示したが、四面体、立方体、八面体、二十面体のときには図3.12のようになる。正多面体でなく、不規則な多面体でも事情は同じである。結局多面体では式（3.6）

の場合よりも面の数fが1つだけ多い。そのことを言い表わしたのが式（3.1）であり、これを**オイラーの多面体定理**という。

定理に対するクレーム

線も点もない球面を考えると$v=0$、$e=0$で$f=1$だからオイラーの定理が成立しない。円柱面（もちろん両底面も含む）も$v=0$、$e=2$、$f=3$でだめである。円錐面も$v=0$、$e=1$、$f=2$で具合がわるい。オイラーの多面体定理なんて嘘ではないか……と言いたくなる。

しかし待っていただきたい。この本の最初で「位相が等しい」という考え方を、切符を例に挙げてくどいほど述べてきた。オイラーの定理の適用に際しては、十分慎重に「位相」を検討しなければならない。

円柱や円錐の底面の周囲は閉曲線であり、決して「一」と同相（ジョルダン曲線）ではない。公式の中のeに代入できるものは、「一」と同相の線にかぎるのである。さらにfの値の対象になるのは、図2.3のような閉曲線にかこまれた部分に限定される（これを面分とよぶことはまえに述べた）。球、円柱、円錐のうちで以上の条件にかなうのは、円柱、円錐の底面と、円錐の側面だけである。

だからこれらの物体に対して、オイラーの定理を適用したいときには、図3.13のような細工をしてやらなければならない。地球では、たとえば南極・北極の2点を点として、2本の子午線を「線」とすれば公式どおりになる。その他についても図のとおりであり、切り西瓜などに対しても公式は成りた

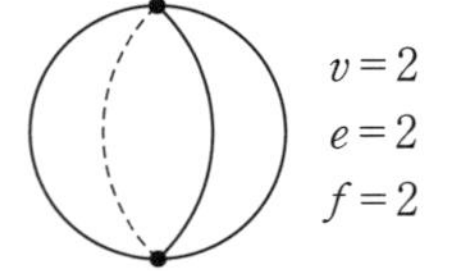

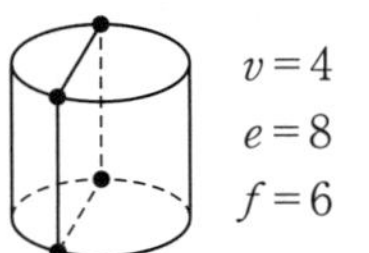

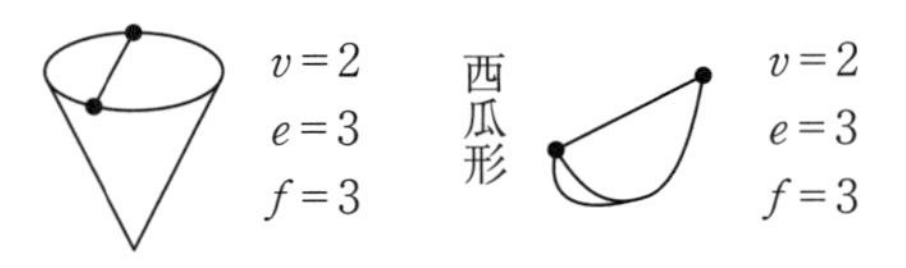

図3.13　オイラーの定理の応用

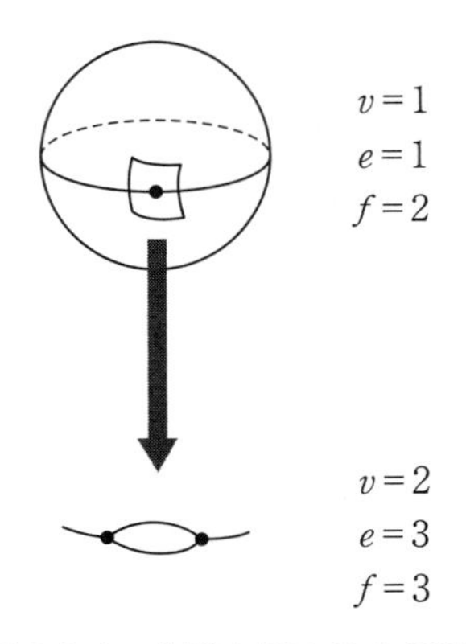

図3.14　赤道を線とみなせば

つ。

ここで、つぎのような発想をする人がいるかもしれない。地球の場合、図3.14のように子午線でなく緯度線を採用し(たとえば赤道)、そのリング（緯度線はリングになっている）上の1点を点としても、オイラーの定理は$v=1$、$e=1$、f

＝2で成立するではないか……と。

確かに結果的にはそのとおりであるが、閉曲線と線上の1点とをもって、「直ちに」v＝1、e＝1と考えるのはまずい。閉曲線は、その途上に点があっても、「一」と同相ではない。

A

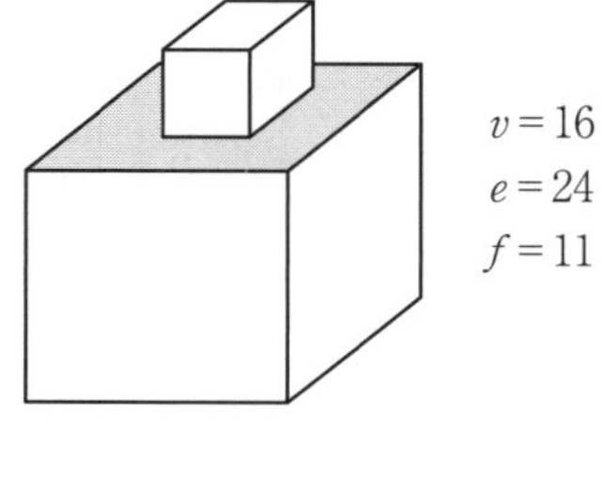

B

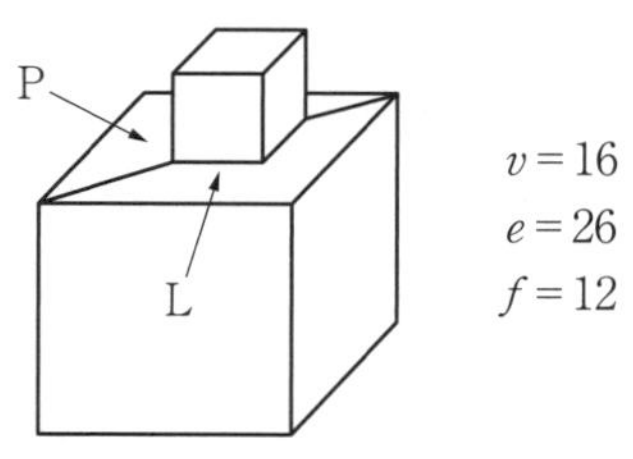

図3.15　親亀の上に子亀

「その点」のすぐ近くで（すぐ近くのことを数学では**近傍**という）面が定義されており、その面にとくに変わった事情のないかぎり、図3.14に示すように「その点」は2つの点と2つの線と1つの面である……と考え直してもいいことになる。だからこんな場合には、結果的にはオイラーの定理が成立してしまうのである。

さらにまた図3.15のAのように、立方体の上に小立方体が乗っているような場合には、v＝16、e＝24、f＝11だからまずいではないか……と言われるかもしれない。しかしAの場合の網かけにした部分は面分ではない。中に穴があいていたのでは、円板面（あるいは多辺形の面）と同相ではないのである。fとしてかぞえるためには、ふつうの面分でなければならない。したがって図のBのように2本の線を引いてやり、eを2本ふやし、fを1つふやしてやると、$v-e+f=2$が成立することになる。なおB図で、稜Lや頂点Pはふつうの多面体の場合とはいささか勝手が違うが（つまりふつうの多面体は凸形だが、Bの一部は凹のかたちになっている）、LやPはそれぞれ一人前の稜と頂点とであり、もちろんeやvの中に含めて計算される。

たんぼのかぞえ方

たんぼの数が多いか少ないか、いい換えればグラフの中に回路がどれほどあるか……という問題は、もちろんトポロジーの対象になる。それではたんぼの数はどんないい表わし方をするのか。

さきに零次元ベッチ数というものを定義し、「ニ」は$p_0=2$、「ミ」は$p_0=3$、…などとやった。たんぼの場合には一次元ベッチ数p_1を使う。「口」のように1つの面分が外側と隔離されているときは$p_1=1$、「日」のように面分が2つなら$p_1=2$、というようにきめてやる。これも理屈を述べるよりも例を挙げたほうがわかりやすいだろう。

$p_1=1$　石　五　丘　巨　幸　etc.
$p_1=2$　月　早　白　甘　円　etc.
$p_1=3$　耳　目　馬　冊　革　etc.
$p_1=4$　田　角　事　更　重　etc.
$p_1=5$　亜　黄　面（問　竜）　etc.

連結グラフでしかも一次元ベッチ数5の当用漢字をさがすのはむずかしい。最後の「問」と「竜」は残念ながら連結ではない。

平面グラフの一次元ベッチ数はわかったが立体を囲む面で

はどうか。上の論法でいくと立方体（あるいは直方体）の表面では$p_1=6$、n面体では$p_1=n$だろう……ということになりそうだが、さあて困ったことになった。確かに多面体の稜と頂点だけに注目し、稜で囲まれた面も、その面で囲まれた体積も「この世の中に無い」と考えれば$p_1=n$としてもかまわないが、ふつう多面体とよんだら、一定体積をとり囲むところの閉曲面を対象にしての言葉である。そうしてこの閉曲面の一次元ベッチ数は（それが多面体であれ、球面であれ、楕円体面であれ）、零なのである。

はじめてトポロジーを勉強される読者は、おそらくそんなばかな……と思われるに違いない。確かに奇妙に感じるだろうが、これはベッチ数という言葉を正確に（位相幾何的に）定義しなかった「とがめ」がでてきたのである。線に注目した場合のベッチ数と、面を問題にしたときのベッチ数とは（一次元と二次元という違いのため）、ベッチ数のきめ方が違うのである。しかし詳細については第4章で述べることにする。

宅地造成

土地に線を引いて、いくつかの面に分割する話の応用問題を考えてみよう。

いま平面にn個の円が描かれており、どの2つの円も必ず交わっている。しかし1点で3つ以上の円が交わることはない。このとき円周によってできる面分の数はいくつか。

図3.16のAがこの問題のグラフである。条件を満たすようにn個の円が描かれているとき、そのうちの1つの円に注目

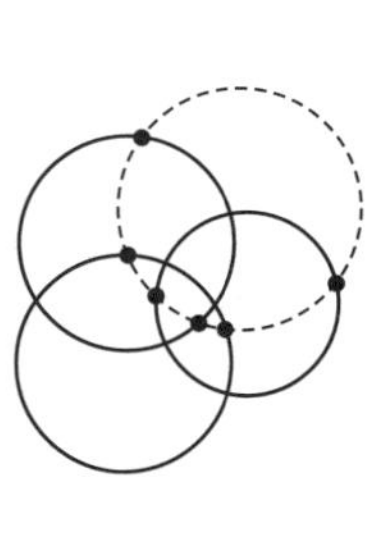

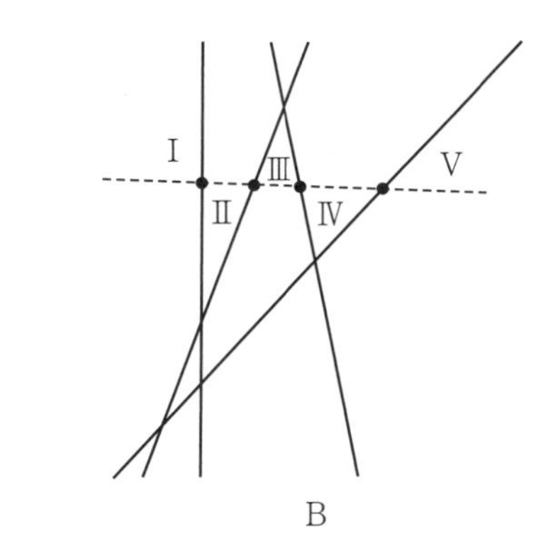

図3.16　土地を分割する

してみる（たとえば図のAの点線で描いた円）。この円は他の$n-1$個の円とそれぞれ2点で交わっているから、この円の円周上には$2(n-1)$個の頂点がある。辺（実際には円弧）の数も同様$2(n-1)$本である。さてこのグラフ全体での頂点の数は、1つの円が$2(n-1)$個だからこれをn倍して$2n(n-1)$ということになるが、これでは1つの頂点を2つの円からダブッてかぞえていることになる。したがって全頂点の数は$n(n-1)$である。

一方、全部の辺（弧）の数は、1つの円が$2(n-1)$であるから、$2n(n-1)$本になる（円弧の方は、交点のようにダブッてはいない）。したがって、これらをオイラーの式に代入すると

$$n(n-1)-2n(n-1)+f=1$$

$$\text{ゆえに}\quad f=1+n(n-1) \tag{3. 7}$$

となる。円が10個なら91区画、円が100個なら9,901区画の土

地に分割される。もっとも、すべての円の外側の平地も面として加えるなら、面の数は$2+n(n-1)$になる。いくつに分割されるか……という問いなら、むしろ後者の答えの方がいいだろう。

もう1つ応用問題を考えてみよう。ある平面の上にn本の直線が引かれておりどの2本をとっても平行ではない。また1点で3本以上が交わっていることもないとする。このとき平面は何区画に分割されるだろうか。またできる面分の数はいくつか。

図のBのように、1本の直線に注目すると（たとえば図の点線で描いた直線）、これは$n-1$個の交点を持ち、このために直線はn本に分割される。しかもn本のうちの2本は半直線、他の$n-2$本は線分になる。

この直線によって（図のB）新たにⅠ～Ⅴのような面ができると考えていいが、このうちのあるもの（Ⅰ、Ⅴ）は無限に広く、他のもの（Ⅱ、Ⅲ、Ⅳ）は面分である。無限と有限とが入りまじっていて、いささかわずらわしい。しかも無限に広い……というのでは、オイラーの式が（これまでの方法では）使えない。

そのため、非常に大きな円（必ずしも円でなくてもいい）を考え、すべての交点がこの円の中に入るようにする。そうして直線は円と交わる所でストップして、円より外にはでていないと考える。土地の分割を考えるだけなら、この方法で差し支えない。

全部の交点の数は内側に$n(n-1)/2$個で円周上に$2n$個あることはすぐわかるだろう。線の数は内側にn^2本で円周上に$2n$本ある。したがって周囲の大きな円周までふくめて、オイラ

一の式を書くと

$$\left\{\frac{n(n-1)}{2}+2n\right\}-(n^2+2n)+f=1$$

ゆえに　$f=\frac{n(n+1)}{2}+1$　　(3.8)

このうち、円周の一部を1辺とする面分は（したがって、円周のないときには無限に広い面は）$2n$個である。だから「本当の」面分の数は

$$\frac{n(n+1)}{2}+1-2n=\frac{n(n-3)}{2}+1 \qquad (3.9)$$

となる。式（3.9）は$n=1$、2の場合でも結果的には成立している。これを表にしてみるとつぎのようになる。

直線の数	1	2	3	4	5	6	7	8	9	10
面分の数	0	0	1	3	6	10	15	21	28	36
無限面の数	2	4	6	8	10	12	14	16	18	20
面の合計	2	4	7	11	16	22	29	37	46	56

4 トポロジーとはなにか

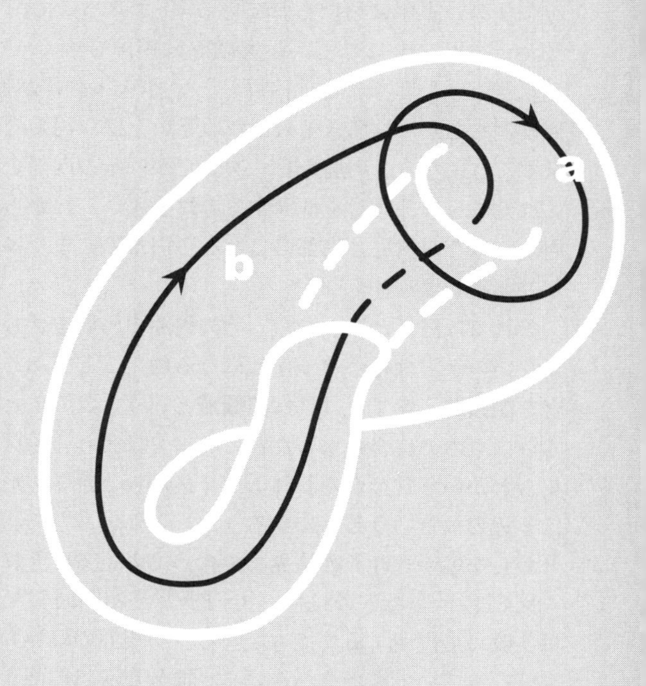

おわんと陣傘

この本の最初に「一」と同相なものについて述べ、また図2.3では円周と位相を同じくするものの例を描いた。話は線から面に及んできたから、今度は円と同位相なものをはっきりさせなければならない。「円」という言葉は、日常的にはかなりあいまいに用いられている。「コンパスで円を描く」とか「空母を中にして、駆逐艦隊は円陣をつくって進撃する」といったときには「円周」という意味あいが強く、「円形校舎」とか「投てき用の円板」といえば、円の内部までも指すことになる。円周なら一次元だが、その内部をいうなら二次元になり、両者を混同するのはまずい。だから今後は、周囲だけなら円周、内部のことなら円形の面または円板とよぶことにしよう。

それでは円板といったら、その周囲の円周を含むのか、含まないのか。含むかどうかは単なる約束ごとであり、含む場合を**閉領域**、含まなければ**開領域**という。このことは線分あるいはものの集合の場合などにも当てはまり、閉区間とか閉集合とかいう言葉が使われる。今後円板とか多辺形（正確には多辺形板ということになろうか）とかいったら、特別にことわらないかぎりその境界まで含めて考えることにしよう。

図4.1に示したものはすべて円板と位相が同じであることは、改めて説明するまでもなかろう。周囲の境界の一部が凹型になっていてもかまわないし、面分自身に凹凸があっても差し支えない。だから円錐側面も半球面もこのなかまに入る。もっとも円錐はその頂点で微分不可能という特殊性があ

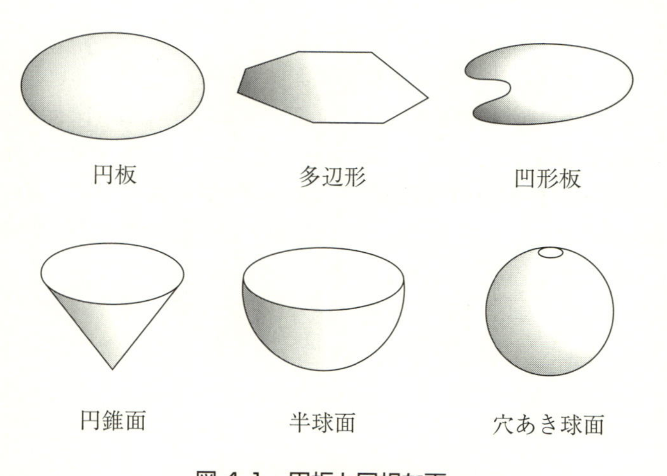

図4.1　円板と同相な面

るが、いまはそのことには触れずにおこう。半球がそうなら、もっと球に近いもの……球面にほんの小さな穴をあけたものも、円板と同相だと考えてもいいではないか……という論法になるが、まさにそのとおりである。大形アドバルーンに針の先ほどの穴があっても（もっとも風船ならこわれてしまうだろうが……）、これはトポロジー的には円板と同じである。

しかし完全な球面になるともういけない。小さな穴1つがあるかないかが、位相の分かれめになる。また円錐側面はいいが、円柱側面は図4.1のもろもろと同相ではない。

円板も、陣傘も、おわんも同一視してしまうのがトポロジーという学問である。それでは、これらのものが持っている共通の性質はなにか。「閉曲線にとり囲まれたそのなかみ……」ではあまりに常識的すぎる。

たとえば、この面をあぜ道によってたくさんのたんぼに分けたとき、$v-e+f$の値が1になる……というのは、円板系の性格を物語る代表的なものの1つである。$v-e+f$を一般にKと書いて**オイラーの標数**というが（第2章の式（2.1）では、まだ面のことを考えなかったから$v-e=K$とおいた）、円板と位相が同じものでは、オイラーの標数が1である……というのが、トポロジーの定理の1つになる。

いま1つ円板面（図4.1に挙げた面）の持つ性質を述べよう。この面の中にマルを描いてみる。必ずしも正確な円周でなくてもいい。さてこのマルをどんどん小さくしていく。そうして最後の最後はマルは点にまで圧縮される。縮小の段階で、マルの中に「じゃまもの」がないからである。そんなことはあたりまえだ……などと言っていたのでは、トポロジーは上達しない。任意に描いたマルが1点にまで縮小できるところの面……というのは、トポロジーでは重要視しなければならない性質なのである。

ついでだから、ここで言葉を1つおぼえることにしよう。面の上に描いた円周Sが（必ずしも正確な円でなくてもいい）1点に縮小できるとき、Sは0に**ホモローグ**であるといい、$S\sim 0$というような書き方をする。図4.1の面上に描かれた閉曲線はすべて0にホモローグである。

もっとも球面上に描かれた円周も0にホモローグである。この意味では円板面と球面とはよく似ている（といっても、オイラーの標数が違うから、決して同じ位相ではない）。ところが円柱の側面（底面は除く）には0にホモローグでない円周があるのは図4.2からわかるだろう。このとき図のS_1'、

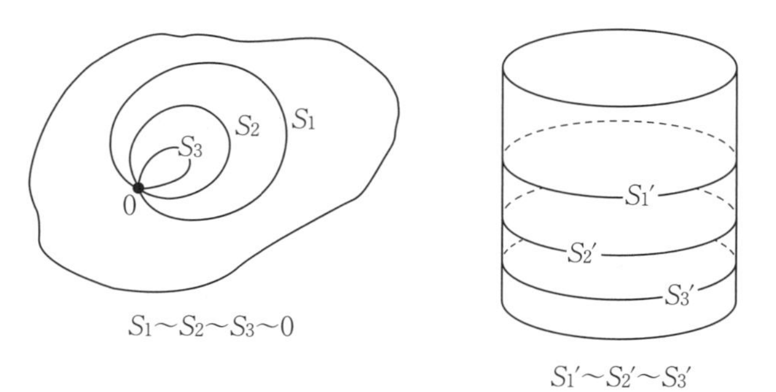

図 4.2　互いにホモローグな線

S_2'、S_3' などもやはり互いにホモローグという。しかしS_1' などは0にホモローグではない。

シングル盤レコード

なぜホモローグなどといういやらしい言葉を習わなければならないのか、といささか不平に思われる読者がいるかもしれない。しかしトポロジーを勉強するからには、やはり欠かせない概念である。この考え方を使ってやがてベッチ数というものを正確に理解し、これによってオイラーの標数を計算する。だってオイラーの標数は、多面体では2で平面上の図形では1ではないか、わかっていることを何をいまさら……ということになるかもしれないが、もっと「一般的な空間」で法則化したいのである。

というよりも、トポロジーという学問そのものが、空間（線も面も立体も、それぞれに空間である）の性質を研究するものである。vやeやfなどの個々の値がいくらになるかということはそれほどには問題ではなく（げんに、球面も多面体も同じだとするほどの物凄い学問である）、ある空間（たとえば面）のベッチ数はなにほどか、その空間には互いにホモローグでない図形がいく通り存在するか……ということの方に、トポロジーはより強い関心を持っているのである。というわけで、これからは少しずつ、違った空間（といっても、さしあたっては面や線のことであるが）を調べていくことにしよう。

図4.3のAは穴あき円板である。外側のふちはもちろん、内側のふちをも含めて考えた（つまり閉領域）レコード面である。どんなレコードでも真中に穴があるが、シングル盤では真中の穴が大きいものが多く、具体的イメージとしてはクラシックな33回転より、45回転歌謡曲でも考えながら調べていけばいい。

まず盤Aの名まえだが、幾何学ではこれを**アニュラス**という。アニュラスというのはなんでも動物学で無尾類のことをいうらしいが、とにかく聞きなれない言葉である。気に入らないひとは「レコード」でも結構だが、まあアニュラスと後にでてくるトーラスぐらいは、おぼえるのにそれほど「ほね」ではなかろうから、こらえていただきたい。

さてこのアニュラスのオイラーの標数は、試してみればすぐわかるように$K=v-e+f=0$である。注意しなければならないのは、真中の穴のふちは線分として数の中に入れるが、真中の穴そのものは「無い」のである。つまり真中の面はfの対象にはならない。

アニュラスの中には、0にホモローグなマルを描けること

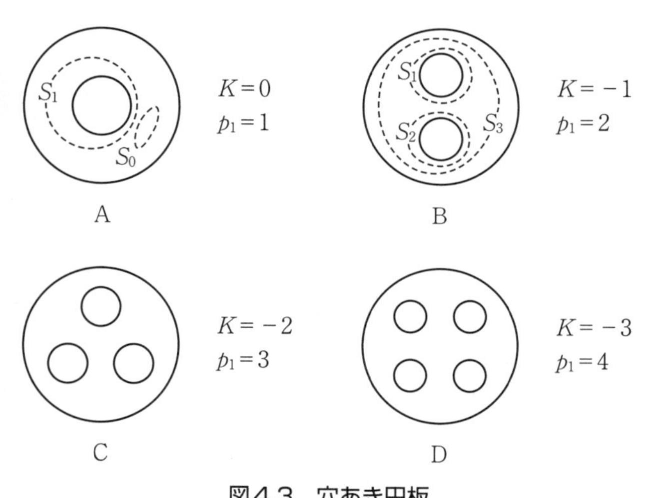

図4.3　穴あき円板

はもちろんだが（図のAのS_0）、0にホモローグでないマルもたくさん描ける（AのS_1）。しかしS_1のように穴を囲むマル同士はこれまた互いにホモローグというのであり、結局$S_1$1本（1本というよりも1環と称すべきか？）を「以上総代」と考えていい。そうして0にホモローグでない（つまり1点に縮小できない）マルが1組だけ描ける面を、一次元ベッチ数が1である……というのである。

円柱の側面は、実はアニュラスと位相が全く同じである。位相をうんぬんする場合には、薄いゴムに描かれた図形のように考えていい。円柱側面だけが伸縮自在なゴムの膜だとすると、それを無理に引っぱればレコード盤になることはすぐにわかるだろう。したがって上辺および下辺を含めた円柱側面では$K=0$、$p_1=1$である。

つぎに図4.3のBのように穴が2つならどうか。このとき$K=v-e+f=-1$になる。さらに、1点に収縮できないマルは、図でみるようにS_1、S_2、S_3の3種類がある。それでは、B面の一次元ベッチ数は3か、というと、そうではない。S_1、S_2、S_3のうち2つをきめてやると、他の1つはその2つによって自動的に描かれてしまう。要するに独立なものは2つで、他の1つは従属だということである。「独立」、「従属」の考え方は、数学の他の分野でも大いに使われているから、ここで詳述することはやめよう。要するに穴あき円板なら、その一次元ベッチ数は穴の数と同じだと思えばいい。

ものごとには「ついで」ということがあるから、ここでいま1ついやらしい言葉を紹介しておこう。図のBで、S_0（これは図には描いてない）、S_1、S_2、S_3の4つの要素の集合を考えると、これはいわゆる群というものを形成するのである。このような群を**ホモロジー群**とよぶ。しかし、このようにややこしい名は、必要なときにだけ使うことにしよう。

3つ穴あきの円板（図のC）では$K=-2$、$p_1=3$、4つ穴あきなら（図のD）$K=-3$、$p_1=4$、n個の穴があいていれば$K=-n+1$、$p_1=n$ということになる。

栄養失調

図4.3で、いろいろな穴あき円板のオイラーの標数Kと、一次元ベッチ数とを列挙した。前者は$v-e+f$という値だからこれの意義は大いに認めるが、なぜベッチ数などというものをとりあげるのか。

前章でひっかかっていた話だが、「田」という字のp_1は4だが、多面体では$p_1=0$だという奇妙な結論を説明したいのである。そのためには、太ったものがどんどんやせていく……という突飛な事柄も、トポロジーの中にはあるのだということを認めてやらなければならない。

言葉で説明するよりも図4.4を見ていただいた方がいい。図の左から右にかけて、物体は（ここでは面を問題にしているから、面は）やせていく（細くなっていく）。もちろん4つの穴あき円板と「田」とは位相が違うが、少なくとも一次元ベッチ数を問題にするかぎりにおいては、左側の図形をけずって、右側のようにしてしまってもかまわない。このとき左側の図形と右側のそれとは同じ**ホモトピー形**であるという。またまた面倒な言葉がでてきたが、ひとまず図4.4で理解していただくのがいいだろう。前章の「たんぼのかぞえ方」のところで、さまざまな漢字のp_1を挙げたが、たとえば「亜」の字は、この中に1点に収縮できない「独立」な回路が5つあるから、$p_1=5$になるのである。

これに対して球面でも多面体表面でも、そこに任意の円周を描けば、これは球面（あるいは多面体面）の中でちぢこまるだけで1点に縮小される。だから球面と同相のものでは$p_1=0$なのである。この場合、多面体にいくつの頂点があり、いくつの辺や面分が存在するか……などということは問題にならない。面がかどばっていても滑らかでも、描いたマルはどんどん縮むのである。

ベッチ数とは、注目する空間（線のときもあるし、面の場合もある）の性質を言い表わしたものである。「田」の一次元ベッチ数が4であるとは、紙という二次元平面にたまたま書いたところの田という字を問題にしているのではない。紙

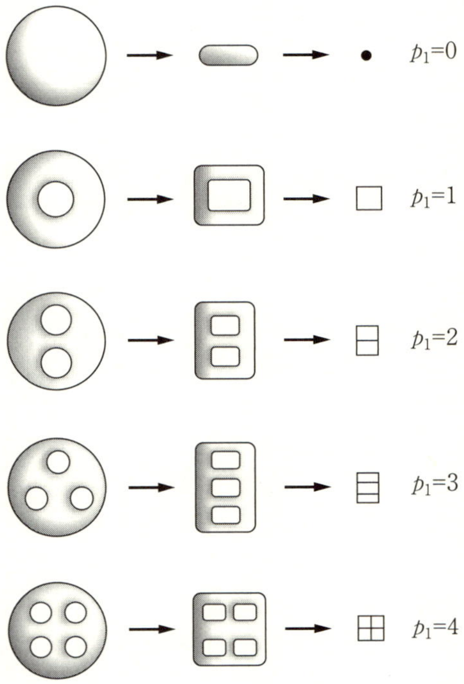

$p_1=0$

$p_1=1$

$p_1=2$

$p_1=3$

$p_1=4$

図4.4　ホモトピー形

も宇宙空間もなんにもないところに（そんなことはわれわれには想像ができないが）、やわらかい針金が（この針金は太くてもいい）、「田」の形になっていた……と考えるべきである。

零次元ベッチ数でも、基本的な考え方は同じである。「林」という字が$p_0=2$であるということは、その図形（一次元空間）の中に異なる2点を適当にとってやると（このときの

「点」が零次元なので、零次元ベッチ数とよぶ)、その2点はいくら頑張ってもめぐり逢(あ)うことができない……そんな空間なので「林」のベッチ数は2になる。同様に「森」という字は、3個の孤島に分割されているから$p_0=3$である。島と島との間には海があるのか、紙があるのか、それとも物理的空間があるのか……。なんにもないのである。数学には、海とか紙とかの「現実」を持ち込む余地はいささかもない。

トポロジーとはなにか

「トポロジーとはなにか」とは、むしろこの本の最初で述べるべき事柄であろう。しかし初めから正面きって問題にとりくむことはやめて、その内容の方を説明してきた。ここまできて、いまさらトポロジーの意味を考えることもないような気もするが、やみくもに調べていくのをひととき中止して、その意義を考えてみるのもいいだろう。とはいうものの、どんなものを扱うか、それぞれの対象をどんな目で見るのか、などについてはかなり話を進めてきた。「トポロジーとは、薄いゴム膜に描かれた図形の性質の研究である」などは、まずまずいいセンをいっているが、完全な説明とはいいがたい。

まえに述べたことと話が重複するかもしれないが、トポロジーでまず問題になるのは「位相」という概念である。たとえば図4.1のおのおのの面はすべて同じ位相であるが、位相が同じということを正確に表現するとつぎのようになる。

2つの空間RとR'とがあって(空間とはいうものの、線でも面でも立体でも、なんでもかまわない)、どちらも点の集合と考える。R内の任意の1点（これを点Pとする）にちょうど当てはまる点がR'の中にあって、これをQ点とする。「当てはまる」と言ったが、どのような意味で当てはまってもいい。とにかくあるトリキメによって当てはまるのである。ところで同じトリキメにより、Qに当てはまるR内の点を探すと、これがPになっている。

さてP点に十分近い、小範囲の点集合がいつも存在していて、これをU(P) とする。このU(P) に同じトリキメで当てはまる小領域がQのまわりにあって、これをU′(Q) と書いてみる。このときU(P) 内の点とU′(Q) 内の点とがそれぞれ相互に、同じトリキメで当てはまっている……こんなときRとR'とを位相が等しいという。

「当てはまる」（あるいは相当する）という言葉は、常識的ではあるが、どうも不明瞭でしかも歯ぎれが悪い。そこで（読者諸氏はすでにご存知のように）、数学ではこのことを「対応する」という言葉で統一している。「対応」という言葉も、馴れないうちは何となく堅苦しく、その言葉の響きに「数学は凡庸な思想では理解できないのだ」という感じがしなくもないが、しかし「対応」を使わなかったら、ここで述べた同位相の定義のような冗漫な表現になってしまうことは確かである。学習者にとっては、やはり「習うより馴れろ」ということであろうか……。この定義の最初の部分を「1対1の対応」とよび、後半の部分は「空間の連続性」を主張しているのである。

定義の話はこれくらいにして、位相の等しいことを視覚的に示したのが図4.5である。ゴム変形や、射影による変形などは位相を不変に保つ。ただし図の射影Ⅱで、球面上の光源

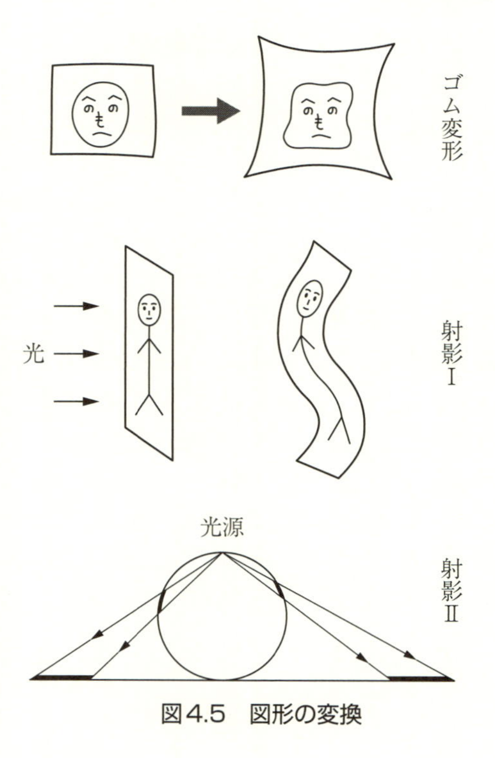

図4.5　図形の変換

に相当する部分は、平面上では無限に遠い所にいってしまい、この点を含めるのはまずい。球面から穴を除いたものが、平面上の円（円周およびその内部）に対応することになる。さきほどの定義の言葉の中で「あるトリキメによって当てはまる2点」とあったが、射影の場合にはこのトリキメとは「光源から発した光が、2つの面を通過するところの2点」というような具体的な内容におきかえられる。

図4.5のような変形を、一般に**同相写像**ということがあるが、この言葉を使えば「トポロジーとは、同相写像をしても変化しない性質を研究する学問である」とも言えそうな気がする。

一応はこれでトポロジーのアウトラインが明らかになったが、しかしこれまでにもちょいちょいでてきたように、たんに「位相」だけでは片付かない話が多い。繰り返しになるが、ややこしい点を並べてみると

○円錐側面と円板面、あるいは多面体表面と球面とをくらべてみると、一方はとがって他方は滑らかである。後者を微分可能な面という。位相が同じでも、微分可能かどうかという問題を調べなければならない。

○たとえば図1.13のCとC′では、図4.5のような変形では等しくすることができない。こんなときにはさきに述べたように「位」と「相」とを分離して考えなければならない。

○図4.3のAに描かれた2つの円周S_0とS_1とは、どちらも「円周」であるが、一方は0にホモローグであり他方はそうでない。このような意味では、2つの円周は異なっている。

○図4.4のように、2つの穴を持つ円板は「ある意味」では「日」という字に等しい。位相の違うものでも、ときには同等に考えてやる。

このほか、まだ調べてない事柄で、たんなる「位相」だけでは解決できない問題が山ほどある。いささか辟易(へきえき)もするが、考えてみればトポロジーとはそれだけ奥深い、人跡未踏の境地の多い学問だと言えそうである。

トポロジーの意味するもの

20年あまり昔の話だが、著者がまだ学生だった頃、数学科の友人の1人が「トッポロジーっていうのは、ふつうの幾何と大分違うらしいなあ。こんなのを円と思えって言うんだよ」と言って、紙の上にくしゃくしゃと不規則な閉曲線を描いたのを……今でもおぼえている。このとき著者は……正直のところ、数学者というものはずいぶんひねくれた考え方をするものだと思った。おそらくこんな研究は、一部の好事家たちのサロン的な趣味だろうと感じたのである。中心から等距離の位置を結んで、はじめて「円」といえる。折れ線の回路なら多角形である。図形の合同、相似……などを扱うなら「立派な」数学だが、2歳児の描くようなマルを描いて、円もなにも無いものだ……と思ったのである。絵画の世界ならピカソはそれなりの価値を持つが、論理や規則性をことのほか重要視する幾何学においてピカソ的感覚が通用するものか、と考えたのである。そうして……トポロジーの第1ページだけをのぞいた人たちの中には、当時の著者と全く同じような「感じ」を持たれるかたもいるのではなかろうか。

しかし……われわれ人間は「えてして」固定観念にとらわれがちなものである。現在でこそ中学3年の数学の教科の中に「グラフ理論」や「トポロジー」がとり入れられているが(「図形のつながり」と題することが多い)、年配の人たちのフィーリングでは「幾何学は正しい図形を取り扱うものである」という考え方があるのではなかろうか。だが、ここで「正しい」とは何を意味するか。

ピカソが現われてから，絵画の形態は全くかわった。同じように，正方形，三角形，球などの対称的な図形はピカソ化されるようになった。これが時代の進展というものか……。

「正しい」が「対称的な」を意味するならば、幾何学で正三角形や正方形あるいは長方形などは重要視するが、不等辺三角形や不等辺四辺形は歓迎しない……という思想につながってくるような気がする。確かにわれわれの感覚のどこかに、正三角形や直角三角形の勉強から、不等辺三角形の学習へと移るとき、多少とも「いやあな」感じがする、ということがあるかもしれない。しかし、この「いやあな」感じに甘えていたのでは、勉学の進歩はおぼつかない。学問の進歩には一般化が必須条件であるし、一般化のためには旧来の狭い枠内での感覚を打破しなければならない。そうして、この「狭い枠内での感覚」が、対称性という一見美的に思われるフィーリングによって墨守されやすい。

もし、「正しい」が「学校教育的な」を意味するならば、これは明らかに保守的固定観念である。確かに、いささか頭の古い私などには、合同、三平方の定理、三角形の面積、さらには代数学での二次方程式$ax^2+bx+c=0$などは「まともな」学問だが、トポロジーとかよばれているものの内容は、クイズかパズルの一種ではないか、と思いがちなところがある。しかし……一方は学問で他方はパズルだ……などとは、誰がきめる事柄であろうか。学校教育法か、文部省か、その元凶は知らないが、とにかく人間は、しらずしらずのうちに体制的な思想に「してやられる」ことが多い。何事によらず、古来多くの創造は、枠にはめられた常識から抜けだすことによってみのりを得てきている。新種の花が、「まとも」とおもわれていなかった場所に咲いた例は、かぞえきれないほどである。

「正しい」が「実用的である」を意味するならば、これに対しては何とも答えようがない。専門的な研究とは「未知なるものの探究」であり、トポロジーの奥に未知なる価値があるか、あるいは旧来のものの方が将来性に富むのか、本当のところは誰にもわからない。「未知」なるものだから、わからないのが当然である。しかし前節に述べたように、トポロジーは探れば探るほど収穫がありそうだ……という「予想」は、この道の専門家の多くが抱いているようである。

むずかしい研究はともかくとして、もっと身近な意味での実用性は……と問われると、これはいささか返答に困る。正直に言って、算術の四則ほどには実用性がないことは確かである。スーパーマーケットに買い物に行って、トポロジーが役に立った……という話はあまり聞かない。しかし……この意味で役に立たないことは、二次方程式とて五十歩百歩である。新制中学以降の人なら、すべての日本人が$ax^2+bx+c=0$を解いたはずだが、はてさて人々は実生活にこれをどう利用しているのだろう……と心ひそかに著者は思うことがある。スーパーマーケットの地図を描いて、どんな歩き方をしたら最も要領よく買い物ができるか……これこそトポロジーの問題だ、と言いたいところであるが、正直に言っていちいちそんなことを考えて店の中を歩く人はあるまい。かえって「意識」がじゃまをして、気疲れするのがおちであろう。あるいは特売品を買いそこねてしまうかもしれない。

結局……興味あるから学ぶ、という以外に言いようがない。何となくしまらない結論になってしまったが、以上は閑話休題であり、再びトポロジーの内容を考えていこう。

次元とはなにか

「次元」という言葉は、近頃ではかなりポピュラーに使われているようである。天下国家を論じている場に、一身上の都合などを持ちだせば、たちどころに「そんな次元の低い話はだめだ」とやられてしまう。社会的見地が立体であり、一身上の都合は点か線にしかすぎない……ということであろうか。

日常語としての「次元」が適切であるかどうかはともかくとして、専門用語としての「次元」も、一般的によく理解されているようである。テレビのクイズ番組で「三次元は立体、二次元は面、それでは一次元とは何でしょう」の質問に、解答者としての主婦の方がたちどころに「線」と答えたのを、著者は記憶している。もし質問が「それでは零次元とは何でしょう」であったら、はたして「点」という解答がでただろうか……などと余計なことまで考えたものである。もっともテレビ番組では、各方面に依頼したクイズの問題を大量に集めて、それを数人の局内、局外のスタッフで厳選するから、おそらく「零次元」という問題だったら没になるだろう。多少とも特殊性のあるものは採用しない方が無難である。要するに、三、二、一の順序はかなり常識的であるが、こと「零」となると、(学校の試験ならいざ知らず)質問としてはいささか高度である……と経験豊かなディレクターは判断するに違いない。『零の発見』という書物さえあるように、零は特殊だと考える方がノーマルであろう。

しかし、こと次元に関するかぎり、零は点のことだと考えていい。一般にn次元空間というのは、点の位置を指定するのにn個の独立な変数を必要とするところのものをいう。点ははじめからきまっていて（というよりも、点以外のものはこの世になにも無い……そのような空間がトポロジー的な意味での点である)、変数などを持ち込む余地はない。零の変数を必要とする……だから零次元は点だということになる。

一次元は線であり、無限に長いもの、半直線、曲線、閉曲線など、すべて一次元という言葉の中に包含される。ただ、もう少し思想的（？）に言わせてもらえば、たんに「一次元の閉曲線」と言ったら、これはあくまで「線」だけの事柄であり、それが1つの面分を形成する……という考え方はな

曲がった屋根，そりのある伽藍，ビル，近代建築，
未来的な家，それらの屋根の形はさまざまなれど
「面」という概念で統一できることは確かである。

い。面分とはすでに二次元的な思想であり、一次元に終始するかぎり、面分などという「聞いたこともない」概念が入り込む余地がない。だから、一次元閉曲線とはなにか、の解答は「境界のない線」としかいいようがない。

そんなこと言ったって、第2章でジョルダン閉曲線の話のときに、内点と外点とを結ぶときジョルダン閉曲線を奇数回よぎる……などとやったではないか、と反論されるかもしれない。しかしあの話は平面（つまり二次元）に描かれた閉曲線を問題にしていたのである。幾何学（もちろんトポロジーをも含めて）を扱うとき、現在は何次元空間を考えているのか……ということを、いつもはっきりさせておかなければならない。

二次元は面であり、無限に広い平面も、曲がった面も閉曲面もすべてこのなかまに入る。閉曲面は当然立体の一部を（いささかオーバーな言い方だが）宇宙空間から隔離することになるのであるが、そんな現象は閉曲面の「知ったこと」ではないのである。閉曲面とはあくまで境界のない面のことであり、それ以上のなにものでもない。

三次元とは立体的な対象をいう。立方体も球もその内部全体を考えれば三次元であり、そのほかわれわれのまわりにある物体のすべては三次元的である。どんなに薄い紙でも、多少なりとも「厚み」がある。物体どころか、空間そのものも三次元である。一次元を説明するためには、紙に線を引いたり、ひもや針金を持ってこなければならない。二次元を示すには、紙、ブリキ、あるいは机の表面や地面を指差さねばならない。ところが三次元は、「いながらにして」三次元である……ということであるが、とにかくこの世は誰がつくったか知らないが、三次元になっている。ただし「この世」がどうなっているか、ということは数学にとってはそれほど重要ではない。

閉曲面の場合と同じ論法で、閉じた三次元空間というものを「考える」ことができる。言い換えれば境界のない三次元である。そんなものがどこにあるか……などとあたりを見まわしてみても始まらない。ここでは数学の勉強をしているのであり、「この世」の構造を考えているわけではない。とにかく、「境界のない三次元」と言われれば、そのとおりのものを（たとえ具体的に想像することが不可能でも）考察の対象にしてもらわなければ困るのである。

三次元だけでなく、四次元でも五次元でも考えていく。そこが数学の数学たるゆえんであり、この世的な感覚とは無関係なものの持つ「つよみ」である。もちろんそんなおかしな空間はこの世に実在しないが、トポロジーの指向というものは一種の抽象化、もっとひらたく言えば「遊び」ということになろう。遊びは遊びなりに、とことんまでつきつめていったところに、トポロジーの真価があるのではなかろうか。それが現実的であろうがなかろうが、数学者は新たな理論をどんどんうちたてていく。物理学、化学、生物学……などが、この世の事柄を説明しようとする努力であるのに対し、数学は新たなものの創造である……といえそうな気がする。

宇宙空間の次元

宇宙空間は限りなくだだっ広くて、しかもまっすぐであると考えるのが常識的である。このまっすぐな性質のことを**ユークリッド的**という。ところが1916年のアインシュタインの一般相対論以来、宇宙空間は必ずしもユークリッド的ではないと考えられるようになった。質量を持つ天体の付近では、空間はほんのわずかではあるが曲がるのである。空間が曲がるとは一体どういうことなのだ、ということになりそうであるが、そのへんのところは物理学で勉強していただくことにして、とにかくほんの少しではあるが空間は曲がっている……という現実論は否定できないようである。

天体の近くではわずかに曲がるが、宇宙全体ということになると塵も積もって山となるの諺（ことわざ）のとおりぐっと強く曲がってくる……ということも考えられる。事実、三次元の空間は宇宙全体で閉じたかたちになっている……というのがアインシュタインの式の解答の1つだとして提案されていた。このような宇宙模型はとても実験で確かめられるわけではなく、ある意味では想像の域をでないが、とにかく閉じた三次元空間というものが現実の問題としても研究の対象になった。その後、宇宙模型はさまざまに批判され改良されたが、「曲がった三次元」というものも、必ずしも架空の話ではないのである。

かりに、相対論が提唱された頃のように宇宙空間は閉じた三次元であるとしてみよう。閉じた三次元があれば当然その中は四次元の空間になっている……という発想法は成立しない。これはさきほどから何度も念を押していることであり、三次元は曲がっていようと閉じていようと、あくまで三次元であって、それ以上のものではない。われわれは閉曲線を考えるときにはその中の面分を、閉曲面の場合にはその内部の体積をどうしても連想してしまうが、この「連想」は（多くの場合に必要だが)、ときには純粋な思考のさまたげになることもありうることになる。つまり……言いたいのは、三次元が閉じていたからといって、そら四次元をみつけた、と考えてはいけないということである。

相対論は四次元を扱うが、第4番目の座標というのは時間であって、決して空間ではない。宇宙空間はあくまで三次元であり、この意味ではノーマルである。ただそれが曲がっている（あるいは閉じている）というところが、いかにも奇妙である。

幾何学を勉強するうえで常識的な感覚は大いに有用だが、感覚を超越した問題になると（一般相対論などは、この意味では超感覚的なものだから、物理学でありながら数学的色彩が強い)、感覚が何のたすけにもならない……どころか、ときには有害にさえなりかねない。はやい話が、「面」といったら、1枚の紙を想像するのはいいが、その厚みとか、裏側などというものは考えてはいけないのである。だから厳密にいえば、線とか面とかいう幾何学的用語は、すべて「抽象的概念」だといえる。

多様体とはなにか

ここで多様体という言葉をおぼえることにしよう。たとえば無限平面、円板面、球面、多面体表面などは名前こそまちまちであるが(そうして位相が違うものもあるが)、「面」という意味では一致している。だからこれらの共通のよび名として、二次元多様体ということにする。境界があってもいいし(円板面など)、なくてもかまわない(球面や無限平面)。

だったら、二次元空間、あるいは簡単に面でいいではないか、なにをことさらに多様体だなどとしちめんどくさい名を持ちだすのか……といわれそうであるが、空間とか面とかいう名はいささか漠然としている。たとえばおたまじゃくしのように、円い面から1本の尾がでていたら、もはや二次元多様体とはいわない。いわんや円板面上に1本の毛が生えていたら、多様体とよぶことはできない。また1本の線分を共有する3枚の面のような体系も(6ページのパンフレットをひろげたところを想像すればいい)、多様体とはいえない。こんなわけで正確に表現してみると

(定義) 二次元多様体とは、どの点に注目しても、その

> 点の付近が（数学でいう近傍）、平面または半平面と同相であるような面（一般的ないい方をすれば空間）をいう。

ということになろうか。曲面だって、非常に小さな部分を考えれば、平面と似たりよったりであることは、認めていただくことにしよう。多面体は球と同じ位相であり、毛が生えていたり、別の面がとびだしたりしていないかぎり、二次元多様体になる。2つの球を接したようなものはだめである。接点の近傍では両球の表面があって、1つの平面と同相ではない。

一次元多様体はもちろん線をいうが、直線、半直線および閉曲線と同じ位相のものにかぎる（直線が曲線であることは、いっこうに差し支えない）。だから「へ」や「C」はいいが、「ト」や「Y」はだめである。後者では三叉路のところが、せまい部分を考えたとき「線」的な性質を持っていないからである。1点を中心にして3つの方向に点の集合がある……そんな「線」はあり得ないのである。だから、一次元多様体というのは、常識的な意味での「線」とか「一次元空間」という言葉よりも、はるかにきびしい条件のもとにおかれた言葉である。図4.6には、多様体の例を挙げてみた。

三次元多様体は……その代表は、われわれの住んでいる空間そのものである。ただし境界のあることはかまわないから、閉曲面でとり囲まれた有限空間も三次元多様体である（このとき曲面も含めた閉領域を考える）。また前節で述べたような閉じた三次元空間も多様体であるが、これは図に描くわけにはいかない。四次元以上についても同様であり、一般にn次元多様体というものが規定される。

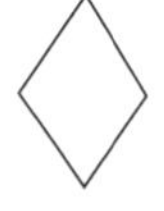

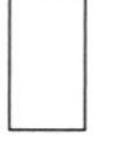

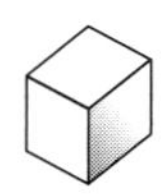
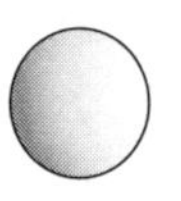

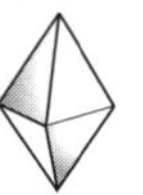
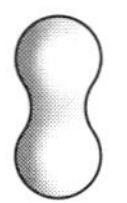
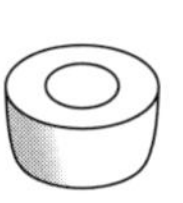

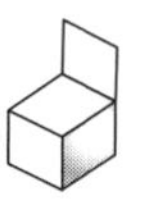
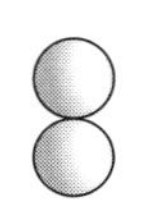
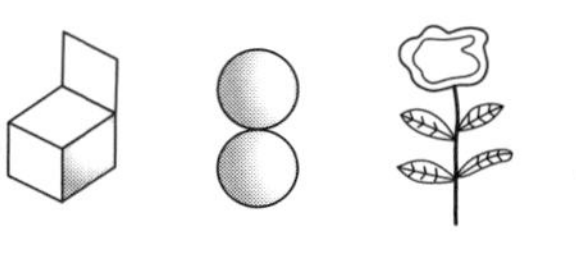

図 4.6　多様体

線の場合には第1章や第2章でみたように、多様体とよべないものを問題にしてきたが、面についてのトポロジーでは、研究の対象となるものの多くは多様体である。本書でも、今後はしっぽの生えたような面は考えないことにしよう。

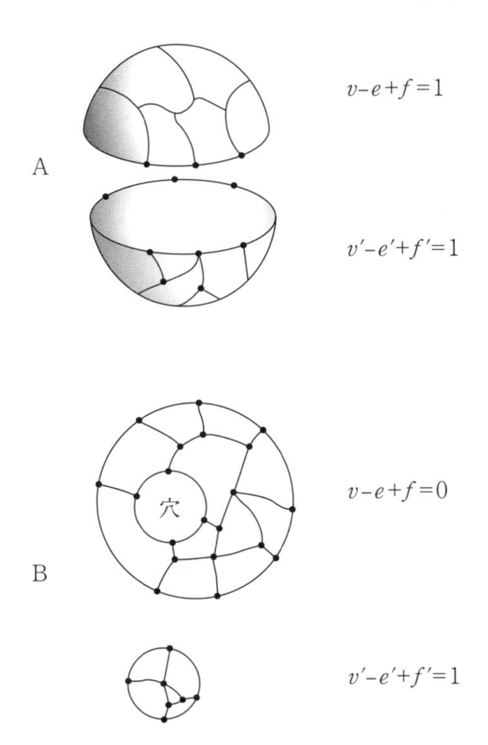

図 4.7　グラフの連結

たとえば、図4.7では2つの二次元多様体をくっつけて、新しい二次元多様体をつくる例を挙げた。Aは2個のおわん（おわんは円板と同相）をつないで球面をつくることを示し、Bではアニュラスの穴に円板をはめ込むことを表わしている。どちらの場合も、二次元多様体のふち（ただしアニュラスでは穴のふち）の頂点の数（したがって辺の数。ふちは閉曲線になっているから、頂点の数と辺の数は同じ）をnとすると、新しい二次元多様体のオイラーの標数は、はり合わせ以前のそれ（$v-e+f$と$v'-e'+f'$）の和より、点も辺もn個だけ少なくなっているから（はり合わせで、2点が1点に、2辺が1辺になる）、結局

$$(v+v'-n)-(e+e'-n)+(f+f') \tag{4.1}$$

になるが、この値はAの場合もBの場合も、はり合わせ以前の多様体のオイラーの標数の和（$K+K'$）になることはすぐにわかる。球面のオイラーの標数が2、アニュラスのそれは零であることは直感的に説明してきたが、図4.7はそのことの証明になっている。このように面の問題に関するかぎり、二次元多様体という概念だけで十分のことがほとんどである。

囲われの身

改めて球面と同じ位相の面を考えよう。球面、楕円体面、多面体の面などすべてこの仲間にはいる。これが三次元空間の中にあるとき、この面は空間を、面の内部と外部とに分けることは3歳児でも理解できる。内部にある点は（それが動くことができるとして）、いくらくやしがっても面を破ることなく外部に抜けだすことはできない。紙面に描いた閉曲線の場合と、事情は同じである。

一般に空間を内部と外部とに完全に分離してしまう面を閉曲面とよぶが、それでは閉曲面とは球面と同相のものだけかというと、そうではない。球の真中をくり抜いた形、つまりドーナツの表面もまた閉曲面である。

ドーナツの面については、つぎの章で詳しく述べることに

しよう。とにかくドーナツ面も閉曲面の1つであり、空間を面の内側と外側とに分けていることは確かである。内部に住む鳥は、その内部のどこの場所へも飛んでいけるが、決して外部に出ることはできない。

球面と位相を同じくするもの、ドーナツ面と同位相のものはわれわれの身のまわりにたくさんある。図4.8がその例だが、このほかにも位相的に同等なものは数多く考えられる。図の例で、たとえばおわん（あるいはじょうご）のようなものは非常に薄くできているが、その外側もふち（おわんでは、口をつける部

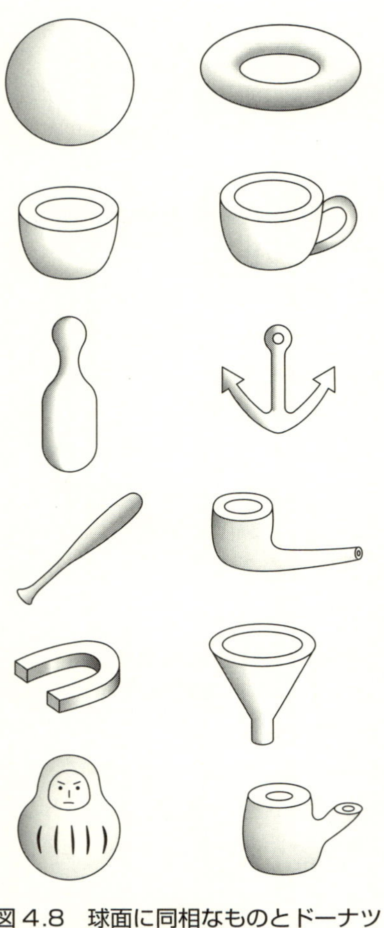

図 4.8　球面に同相なものとドーナツ面に同相なもの

分）も内側も、連続的な面と考えなければならない。

なおふつうのドーナツ形でなく、穴2つのもの、穴3つのもの……も考えたら、これらもすべて閉曲面であるが、詳細については後の章にゆずることにする。

さて、空間の中に閉曲面があるとき、当然つぎのような定理が成立する。

> （**定理**）閉曲面の内点と外点とを結ぶ連続曲線は、閉曲面と奇数回交わる。
>
> （**定理**）閉曲面の内点と内点、および外点と外点とを結ぶ連続曲線は、閉曲面と偶数回交わる。

後者の場合、零も偶数の仲間に入れるのは当然である。第2章でジョルダンの定理を述べたが、上の2つはジョルダンの定理を拡張したものである。ただ閉曲線の場合には、閉曲線とよばれるものは位相的には1種類しかなかったが、今度の閉曲面では、球面でもドーナツ面でも、あるいはもっと穴の多い面でもかまわない。それらのすべてに対して、上の2つの定理は成立する。

いまひとつ、二次元ベッチ数p_2というものを紹介しておこう。p_0、p_1についてはかなり詳細に説明したが、p_2についてはまだなにも触れなかった。簡単にいえば、閉曲面のように空間を2つに分けてしまうものは（外側と内側というように）、二次元ベッチ数は1なのである。したがって円板面などは空間を分けないから$p_2=0$になる。

もし球面の中に、さらにたくさんの面としての仕切りがあって、空間を何個かに分けるようなことがあれば（この場合には、多様体にならないことは前節の定義からわかるであろう）ベッチ数の考え方は複雑になるが、さし当たっては閉曲面では（球であれ、ドーナツであれ）$p_2=1$であることを知っていれば十分であろう。

なぜベッチ数などというものにこだわるのかいぶかる読者がいるかもしれないが、実は空間の研究において（たとえばさまざまな二次元多様体を考える場合）、その多様体での$p_0-p_1+p_2$という値が重要な意味を持つことになるのである。しかしこのことも、後の章にまわすことにしよう。

5 ドーナツとクッキー

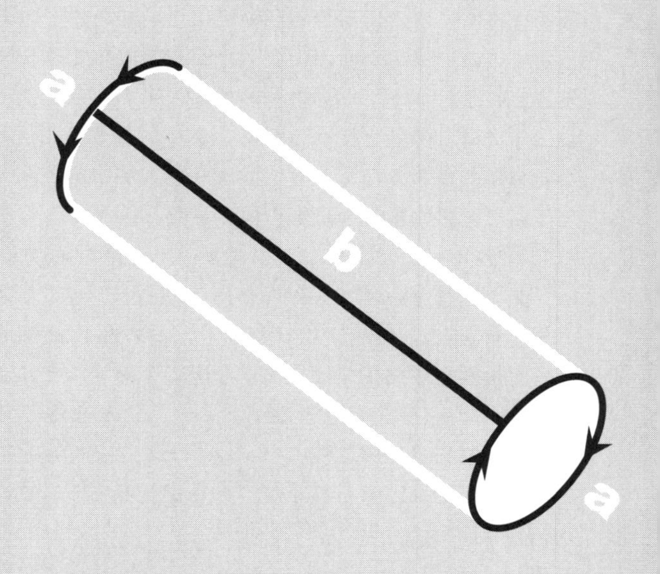

トーラス

前章の最後で閉曲面を問題にして、球面のほかにドーナツ面のようなものも考えられることを述べた。さてこのドーナツ面だが、トポロジーの書物にその絵が描かれていない……などということは、まずはないようである。それほどドーナツ面はトポロジー的に興味ある対象であり、またもろもろの事柄を説明するのに都合のいい例になっているといえる。

さてこのドーナツ面のよび名だが、幾何学ではこれを**トーラス**という。ドーナツ形の星の名に由来するとのことであるが、今後はこの名を使うことにしよう。あえて「へんてこ」な名を振りまわさなくてもいいような気がするが、ドーナツとよぶことにすると中に餡(あん)のはいった「餡ドー」もあることだし（餡ドーは穴があいていない）、正確を期するためには、聞き馴れない名でもやむをえない。

まず最初に、トーラスでのオイラーの標数を考えてみよう。円板面や多面体では、簡単な図形を描くことにより直ちに$K=v-e+f$を計算できるが、トーラスとなるとちょっとやっかいである。浮き輪にマジック・インキで線を描き入れていけば目的は達せられるが、もう少し理論的に考えてみよう。

図5.1にみるように、トーラスは2つの馬蹄(ばてい)形磁石のようなものを合わせてつくることができる。馬蹄形の表面（もちろん2つの「底」に相当する面も含めて）は球面と同相だから、おのおのは$v-e+f=2$になっている。はり合わされる2つの面のふちの頂点の数（および辺の数）をそれぞれ等しい

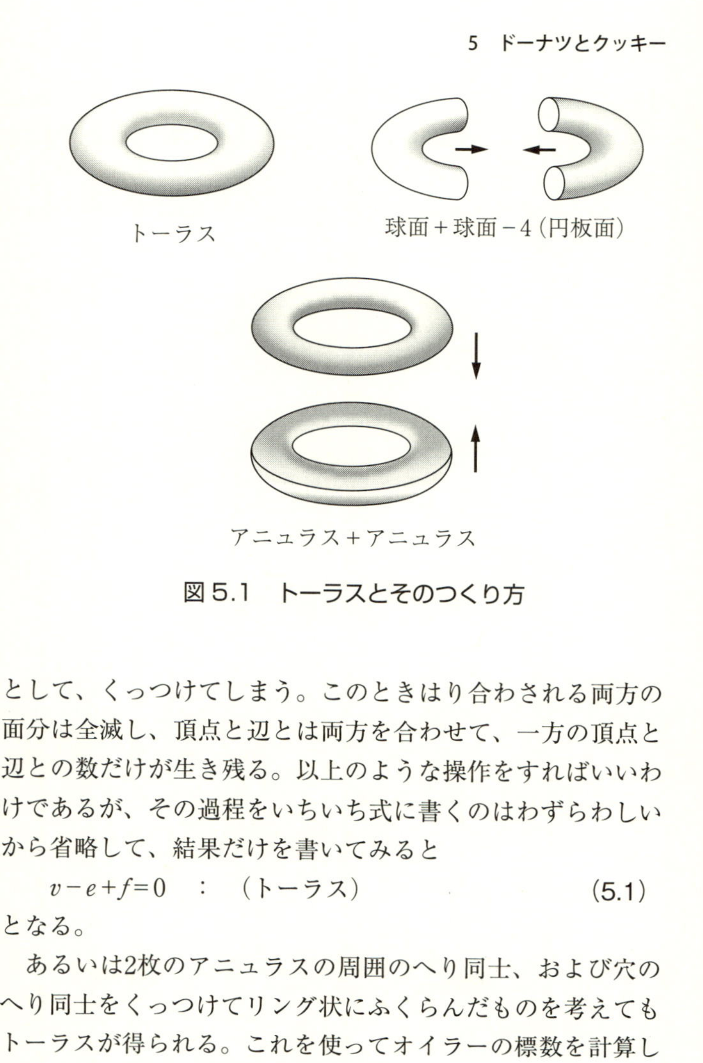

図 5.1　トーラスとそのつくり方

として、くっつけてしまう。このときはり合わされる両方の面分は全滅し、頂点と辺とは両方を合わせて、一方の頂点と辺との数だけが生き残る。以上のような操作をすればいいわけであるが、その過程をいちいち式に書くのはわずらわしいから省略して、結果だけを書いてみると

$$v-e+f=0 \quad : \quad （トーラス） \qquad (5.1)$$

となる。

あるいは2枚のアニュラスの周囲のへり同士、および穴のへり同士をくっつけてリング状にふくらんだものを考えてもトーラスが得られる。これを使ってオイラーの標数を計算しても、式（5.1）と同様な結果になる。

あるいはまた、トーラスの穴に円柱をスポッと差し込むと

球面になる……というやり方に従ってもいい。とくに後の2つの場合には、いちいち辺や点を計算しなくても、その面でのオイラーの標数をKとすると

$$\left.\begin{array}{l} K(\text{アニュラス})+K(\text{アニュラス})=K(\text{トーラス}) \\ K(\text{球面})-K(\text{円柱面})=K(\text{トーラス}) \end{array}\right\} \quad (5.2)$$

となっている。だからといって、いつでもこんなうまい具合に話が進行するとはかぎらない。現に式（5.1）を計算したやり方でK（球面）+K（球面）とやっても、トーラスのオイラーの標数はでてこない。なお式（5.2）でK（円柱面）と書いたが、これは位相的にはK（球面）と全く同じことである。

クッキー

トーラスの話はまだまだたくさんあるが、先に多孔形物質の表面を概括的に調べてしまおう。2つの穴を持つ表面は何とよばれているか。残念ながらトーラスに相当する特定の名前はない。強いて言えば眼鏡形菓子くらいであろうか。さらには穴が3つ、4つ、…、n個ということになると、絵でも描いて見せてやるのが手っ取りばやい。ただしクッキーの中には、こんな形のものもあるかもしれない。

そのつくり方は（菓子の製造法ではなく、トポロジー的な形成のことである）図5.2のようにトーラスの面の一部を互いにはり合わせればいい。だからこのクッキーのオイラーの標数も、図5.1の方法を順次適用していけば、求めることが可能である。

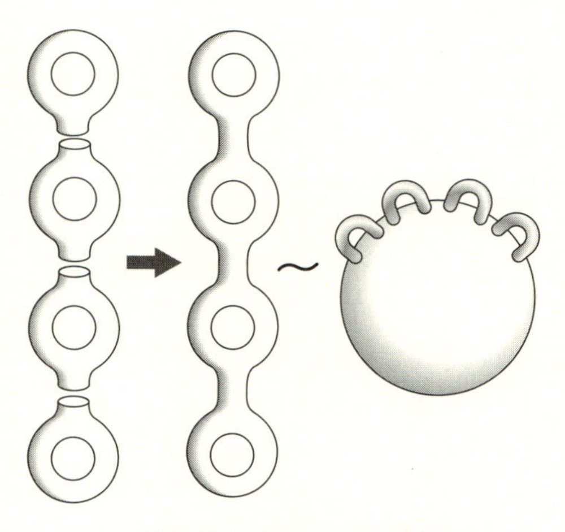

図 5.2 ジーナス 4 の曲面

特定の名称はないが、一般にn個の穴があるような閉曲面を、**ジーナスn**の曲面とよぶことにしよう。また図5.2からわかるように、ジーナスnの曲面は、球面にn個のハンドルの付いたものと同じ位相になっている。だからn個の**ハンドル付き球面**とよんでもいい。

これらのオイラーの標数Kをたんねんに調べてみると、つぎのようになることがわかる。

ジーナス	0	1	2	3	4	5
K	2	0	−2	−4	−6	−8

ジーナス0とは球面、同じく1はトーラスである。だから一般にn個のハンドル付きの閉曲面のオイラーの標数Kは

$$K(n)=2-2n \quad : \quad (\text{ジーナス}n) \tag{5.3}$$

で表わされる。

後に、メービウスの帯とかクラインの壺などという「ひねくれた」面を問題にするが、ひねくれた面（トポロジーではこれを向きづけ不可能な面という）を除き、ノーマルな面（こちらを、向きづけ可能な面とよぶ）だけを考えるかぎり、閉曲面の位相はオイラーの標数だけで決定されるのである。つまり

（**定理**）向きづけ可能な連結閉曲面は、ジーナス（穴の数）により分類できる。

ということになる。

あまり一般論ばかりやっていると具体性が乏しくなるから、1つだけ演習問題をやってみよう。図5.3のようなジーナス2の多面体があったら、はたしてオイラーの標数は−2になるだろうか。

頂点は上面で14個だから$v=14\times2=28$。稜は上面に22本、外側側面に6本、穴の中の上下方向に計8本、したがって$e=22\times2+6+8=58$。面分は上面に7、外側側面に6、穴の中に計8、したがって$f=7\times2+6+8=28$。だから$K=v-e+f=28-58+28=-2$になり、確かにさきの表のとおりになっている。

ドーナツ上に円を描く

ずいぶんベッチ数にこだわるようであるが、トーラスの話がでてきたから、いま一度ベッチ数を考えていただくことにしよう。ベッチ数についての一般的結果を述べ、これとオイラーの標数との関係を、はやいとこ説明してしまいたいので

ある。

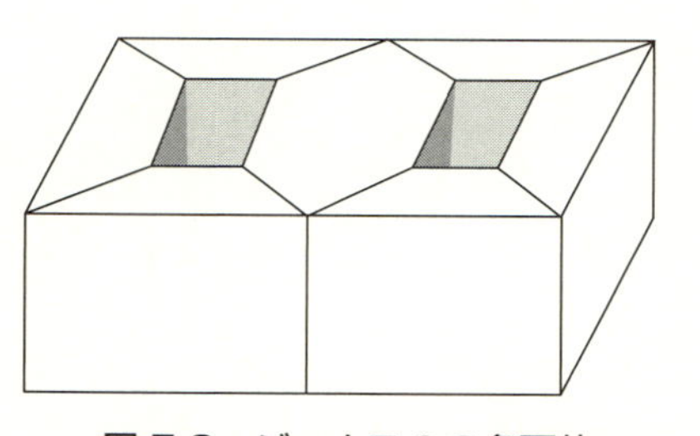

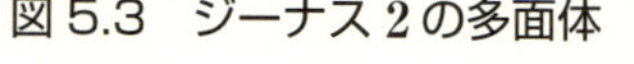

図5.3　ジーナス2の多面体

球面もトーラスも、あるいはジーナスnのクッキーも（ただしクッキーだけは日常語だから、念のため……）、空間（正しくは三次元空間）を2つに分離する。こんなとき、これらの面の二次元ベッチ数は1である……ということは142ページで述べた。それではこれらの面の一次元ベッチ数は何ほどであるか。

球面の場合には、零にまで縮小できない円周をその球面上に描くことは不可能である（いいかえると、球面上に描かれた円周は、すべて零にホモトピーである）。こんなとき、球面（および球面と同じ位相のもの）の一次元ベッチ数は$p_1=0$である。このことも前章で説明した。

それではトーラスの一次元ベッチ数はどうか。トーラス上では図5.4のAにみるように、零に縮小できない円周が、S_1、S_1'あるいはS_2のように描くことができる。しかしS_1とS_1'とは同じ種類の円周であり（こんなとき、S_1とS_1'とは互いにホモロジーであるといい、S_1、S_1'などの円周の集合を**ホモロジー群**とよぶ）、これは同種の円周と考える。しかしS_1とS_2とは同種ではない。結局トーラス上では、零に縮小できない円周は2種類存在し、このためトーラスの一次元ベッチ数は2である……ということにする。

図5.4のBはジーナス4の曲面だが、このときには零とホモ

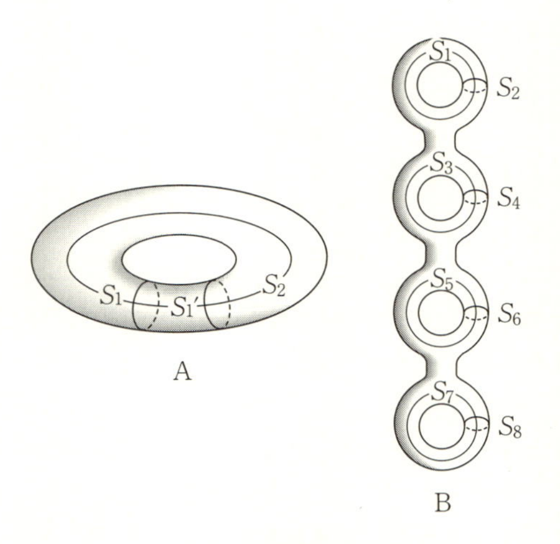

図 5.4　曲面内の円周

トピーでない「独立な」円周は8個描ける。もちろん2つの穴にまたがるような円周も零に縮小できない。

図に示した8つの円周以外のものは、それをどんなふうに描こうともS_1からS_8までの円で表わされてしまう（つまり独立ではない）。したがって、ジーナスnの一次元ベッチ数は$2n$である。

さてこれで、ベッチ数についての説明は一応終わった。しからばこれをどう活用するのか……。

ある面に描かれたグラフの$v-e+f$をオイラーの標数とよぶことは何度も繰り返したが、このオイラーの標数はその面の、零次元、一次元、二次元ベッチ数の（符号を考慮した）和$p_0-p_1+p_2$に等しいのである。式で書けば

$$v-e+f=K=p_0-p_1+p_2 \tag{5.4}$$

となり、この式は**オイラー・マクローリンの定理**といわれる。いや、オイラー・マクローリンの定理はもっと一般的であり、n次元まで考慮して

$$\sum_{m=0}^{n}(-1)^m v_m=K=\sum_{m=0}^{n}(-1)^m p_m \tag{5.4′}$$

となるのである。

オイラーの定理の一般化

球面と同相なものに描かれた頂点、辺、面分の数の関係は、オイラーの定理とよんでトポロジーの初歩の中心課題の1つになっているが、これを一般化したものが式（5.4′）である。v_0は頂点、v_1は辺、v_2は面分、v_3は立体（これを三次元単体という）、v_4は四次元単体の数……である。四次元単体とは一体どんなものか、と迫られても返答に窮する。低次元単体（点や辺や面など）から類推的に思考してもらうほかはない。またp_3以上についても、同じように形式的な定義で満足しなければならない。p_rとは（$r-1$）次元のふちのない曲面を考え、そのような曲面で1点にまで収縮できないものが、「独立に」何種類存在するか、その数がp_rである。「うき世」の三次元におかまいなく、八次元でも十三次元でも考えられるところが数学の長所だが、多次元の話はややこしいから、いまは主として曲面（二次元）の問題を考えることにしよう。

これまでに扱ったさまざまな曲面のK（オイラーの標数）を、式（5.4）からベッチ数を使って計算してみよう。

	$p_0-p_1+p_2=K$
円板面	$1-0+0=1$
球　面	$1-0+1=2$
円柱側面またはアニュラス	$1-1+0=0$
トーラス	$1-2+1=0$
ジーナスnの曲面	$1-2n+1=2-2n$

このように計算されたKは、これまでの話と矛盾しない。平面ではどうか……と言われるかもしれないが、ふつう平面に描いた図形というものは、ふちまで考慮した円板面のことであり、一番上の式に相当する。ただ、漠然と「平面」とよぶと、多辺形の一番外側の辺よりもなお外の面（この面は無限に遠くまで伸びている）を入れるのか入れないのか……はっきりしない。そのため、わざわざ円板面という言葉を使った。もし、強いて無限平面にこの式を当てはめるなら、無限平面は空間を2分するから$p_2=1$、したがって$K=2$であり、多辺形の外側の面をもfの中に含めると$v-e+f$も2になり、辻褄（つじつま）は合っている。なおこのように面だけを考えるかぎり、p_3以上はすべて零である。

第2章から続けて読まれてきた読者の中には、つぎのような疑問を提出するひとがいるかもしれない。第2章のはじめに「犬」や「北」は$p_0=2$だと言った。第3章の最後のところで、「月」は$p_1=2$、「耳」は$p_1=3$と書いているが、ところがここでは、円板面では$p_0=1$で$p_1=0$だという。一体話がどうなっちゃったのか……と。

この疑問はもっともである。そうして、この疑問に一言で答えるなら「それは見解の相違だ」ということになろう。

無限平面は空間を２分する。「たてまえ論」としてはまことに正しい。われわれが「現実」に固執しなかったら……２つの世界は別々に生存し続けるだろう。

見解の相違

「見解の相違」という言葉は、ふつうは対立した意見を対立したままのかたちで肯定する立場をいう。しかしここでの「見解の相違」は、決して矛盾を包含するものではない。どのような見解に立っても、話の「すじ」は通っているのである。ものの「見方」が違うために、結果が（形のうえでは）違って現われてくる……というほどの意味にすぎない。具体的な例を使って説明しよう。

たとえば「北」である。もしこれが、円板に描かれた単なる文字だとするならば、そのときの零次元ベッチ数p_0は1である。なぜなら、円板上の任意の2点は、たとえ円板に文字が描かれていようといまいと、そんなことに関係なく面上を通る1本の線で結ぶことができるからである。円板上に「北」の字が描かれていたら、$v-e+f$はいくらになるか。残念ながらこのままでは面分ができていないから、直ちに$v-e+f$は使えない。円板の周と「北」の字の何ヵ所かを適当に結んでやらなければならない。そうしてこのときのKは、$K=p_0-p_1+p_2=1-0-0=1$になっているはずである。

しかし、一般に「北」という字だけを問題にする場合には、こんなややこしい考え方をしない。円板とか面とかの意識を全く除き、単に「北」という線だけが「この世に」存在する……とした方が話が早い。このときには第2章で述べたように$p_0=2$（北は2部分に分かれているから）、$p_1=0$、p_2もちろん零である。一方$e-v+f=8-6+0=2$であり、オイラー・マクローリンの式は成立している。第1章での式(1.1)は、後者のような場合を主張しているのである。

つぎに「田」の字を考えてみよう。長方形でなく、周囲を円だと考えて、マルに十の字の薩摩の旗だとみなしてみよう。このマルを円板のふちだとすると、$v-e+f$および$p_0-p_1+p_2$はそれぞれ$5-8+4$および$1-0-0$となり、当然ながら一致する。マルでなく長方形だと考えて、4隅を頂点だとしても$v-e+f=9-12+4=1$で矛盾することはない。

以上は「田」を面に描かれた図形……という立場で眺めたわけであるが、骨ばかりの空間（つまり一次元空間）だとする考え方もある。ただし第4章の終わりに述べたように、

「田」は一次元多様体とはいえないが、とにかくそれを描くべき紙面もノートも何も無いところに、「田」形だけが存在するのである（当然面分などというものは存在しない）。このときには（4隅の頂点は無視して……つまり島津の旗だと考えて）、$v-e+f=5-8+0=-3$であり、一方$p_0-p_1+p_2=1-4+0=-3$となり、オイラー・マクローリンの式はやはり成立しているのである。

つまり「田」の一次元ベッチ数を、$p_1=0$とするか、$p_1=4$と考えるかは、幾何学的対象物をどのような目で眺めるか……によって違ってくる。そうして、対象が一次元であるか、二次元であるか……はトポロジーを学ぶうえでとくに慎重を期さねばならない事柄であるが、オイラー・マクローリンの定理はどのような立場で眺めても成立している……ということもこれまた事実である。

オイラーの式やベッチ数の話をながながと述べてきたが、一応このあたりで打ち切りにして、つぎは曲面の問題を考えていくことにしよう。

曲面を描く

曲面を紙の上に描くことを考えてみよう。円板と同相なものなら、わけはない。マルく描こうが四角にしようが、そんなことはトポロジーの知ったことではない。これが曲面だと言って、閉曲線の内部を指で差せばいい。

しかし球面になると困る。球面全般を書物に描くことは、トポロジーならずとも、地図作製のうえで大いに苦労している。日本地図ならかまわないが（と言っても、平面に描かれた日本地図は、一種の近似になっているはずである)、世界地図となると、もうだめである。長さも面積も変えずに、球面をそのまま平面にうつしとることはできない。だから紙の上に世界地図を描く場合には、メルカトル図法とかモルワイデ図法とかその他いろいろな工夫がなされる。

余談になるが、第二次大戦中に、メルカトル図法を普及させたのはイギリスの国際的な政策の1つである……と主張した人がいた。よく知られているように、メルカトル式によると、緯度の高い地方の国は実際よりも拡大されて描かれる。そこでカナダなどをうんと大きく見せて(当時は、カナダもインドもオーストラリアも、一括してイギリスの領土……という考え方がされていた)大英帝国の国威をことさらに大きく誇示していたのだ……というわけである。しかし、考えてみるとこの説はあまりあてにならない。確かにカナダは拡大されているが、インドやオーストラリア、さらにはアフリカのイギリス植民地は縮小ぎみである。どうもメルカトル式とイギリスの政策とを結びつけるのは、いささかこじつけのような気がする。ソ連の政策だ、というのならまだ話もわからぬではないが……。

幸いなことにトポロジーでは、面積などに気をつかうことはない。トポロジーに、メルカトルとかモルワイデとかの区別はない。面積、長さ、角度などが違った値になってしまっても、位相さえ同じなら少しも痛痒(つうよう)を感じないのである。

とはいうものの、球面をそっくり平面にうつし換えられるかというと、これはトポロジーにとっても難題である。確かに図4.5の射影Ⅱのような写像の方法が考えられるが、これだと平面の無限遠点まで問題にしなければならない。無限という概念は、ちょうど代数学で有限値を零で割るのと同じように、あまり触れたくない数学の泣きどころである。

紙に描いた円をもって、球面に代用させるという考え方もある。このときには円周が球面の1点に相当する（数学的な言葉でいえば対応する）ことになる。線をもって点に換える……というのも、考えてみるとずいぶんヤバイ話である。そんなことをして大丈夫か、と念を押されると困ってしまう。そんなわけで、球面全体を紙に描くことは見合わせて、その他の曲面を問題にすることにしよう。

たとえば円柱側面を考えよう。これは円板面（と同位相の

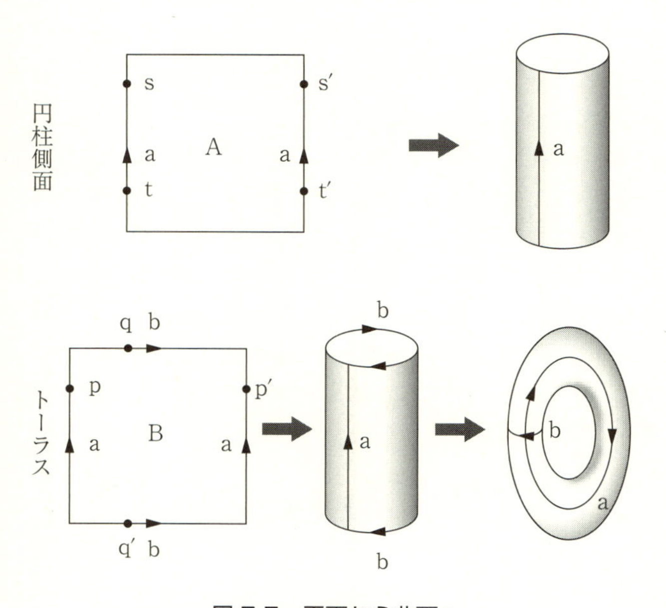

図 5.5　平面から曲面へ

もの）以外の曲面のなかで、最も簡単な（あるいは理解しやすい）面である。円柱側面はアニュラス（レコードの表面）と位相的に等しいから、二重丸をもって円柱側面としてもいいが、これを長方形（または正方形）のかたちに描いても別に悪いことはない。円柱側面を正方形にしてしまったのが、図5.5のAである。上側と下側の線はふちを表わす。左右の縦線は、「実は」つながっているものである。言い換えると、点sとs′とは全く同じものであり、同様にtとt′とは同じ点である。だからこの面上にいる人が、この面の内部を歩きながら点sにぶつかれば、この人は忽(たちま)ち消えて、つぎの瞬間にs′に姿を現わすことになる。まるで忍術みたいだ……などと言っても始まらない。実際にはマルッコイ面だが、紙に描くためにいささか不自然な表現法を使ったから、忍術のようなおかしなことが起こるのは当然である。

sとs′が同じで、tとt′とが同じ……などとややこしいことを言わずに、図のように両辺に矢印をつけておいて、ともにaと書いておけばいい。aとaとが矢印の向きに合わさったものが実際の曲面である……というように考えればいい。それが円柱側面になるのは、その右の図を見ればわかる。今後このような図で（Aのような図）、2本の矢印aなどがあれば、これは本来は矢の向きに一致したもの……というように解釈することにする。

ドーナツを開く

図5.5のAが円柱側面なら、トーラスはBのように描かれる。この図でpとp′とは同じ点、同様にqとq′も同じ点にな

る。つまり左右の方向にも、上下の方向にもつながっている長方形、それがトーラスである。図のようにまず左右をつなぐと円柱側面ができる。このとき上と下のふちは向きを持った円周になっている。矢印のまわる向きは上と下とで等しい。この円柱をうんと伸ばして、上下のふちを矢印の向きをそろえてくっつけるとトーラスになる。

図でみるように、できあがったトーラスでは、最初のはり合わせ線aとbは円周になっている。一方はトーラスの真中の穴をめぐる円周、もう1つは腕章のように穴と外側とをぐるりとまわる円周になる。それでは初めのトーラス面Bにもどり、この面の縦がトーラスの穴をめぐる円周になるのか、それとも横がそうなのか。

そんなことはどちらでもいい。とにかくトーラスというものは、これを平面的に図示した場合、上と下、左と右とがそれぞれ同じ向きにつながっているところのもの……と考えればそれでことがすむのである。結果的にはドーナツ形になるが、もう少し抽象的に、図のBのようなのがトーラスなのだ……としてやった方が「今後の」ためにはいいのである。確かにトーラスに関するかぎり、Bよりもドーナツを考えた方が現実的（あるいは感覚的）である。しかし、もっとひねくれた曲面になると、現実的模型の方がかえってわかりにくくなり、図のAやBのように長方形（正方形でも同じ）で話を進めた方がスムーズにことが運ぶ。

ひねくれた曲面のことはあとまわしにして、もう少しトーラスを考えよう。トーラスを正方形に書いたとき、これを利用してオイラー・マクローリンの定理を具体的に試してみることができる。たとえば縦に2本、横に2本の線を入れたトー

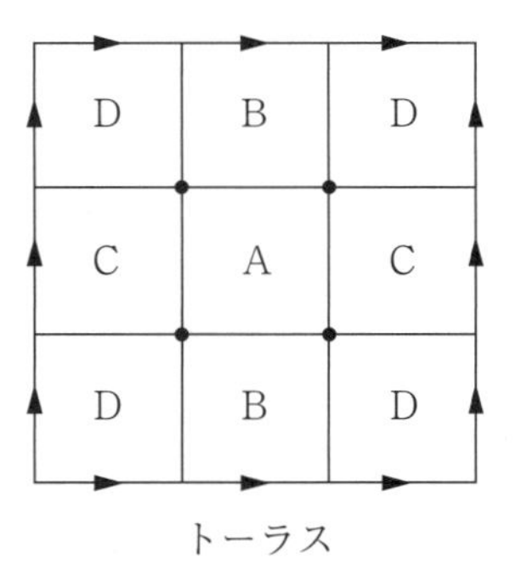

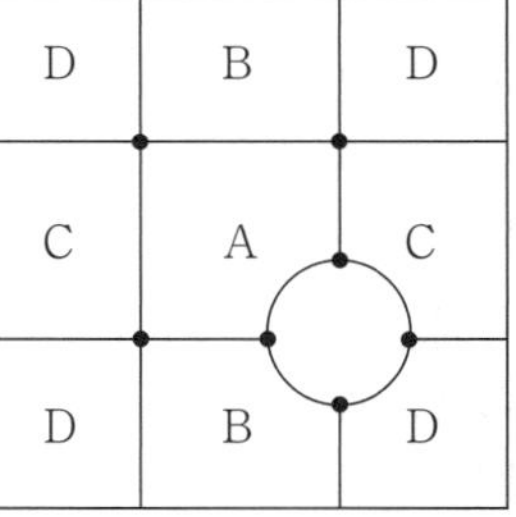
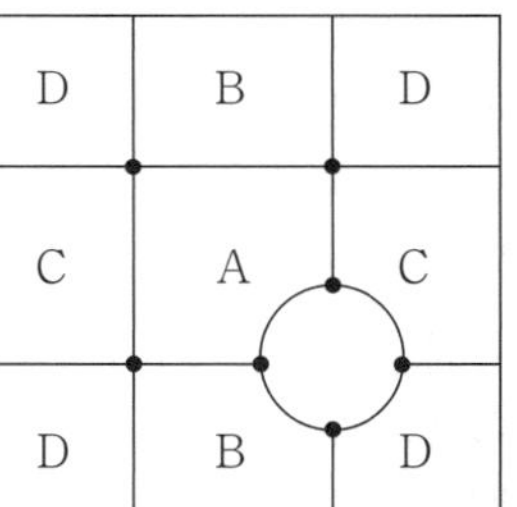

図 5.6　トーラスを描く

ラスは図5.6の左のようになる。実際にはドーナツ面に、穴を囲むように2本の円周を描き、さらに2本の腕章（もっとも腕章には幅があるから、1本の腕章といった方がわかりいいかもしれない）をはめたことに相当する。このとき上下のB、および左右のCはそれぞれに同じ面分であることはすぐわかるであろう。さらに4隅に描いたDは1つの面分を形成することになる。したがって$v-e+f=4-8+4=0$となり、式(5.1)のとおりになる（図の正方形の周囲は、はり合わされてしまって、辺eの勘定には効いてこない）。

それではトーラスに穴があいていたらどうなるか。これを描いたのが図5.6の右の図である。さっそく調べてみると$v-e+f=7-12+4=-1$となる。同様にn個の穴のあいたトーラスでは

$$K=v-e+f=-n \qquad \text{（穴あきトーラス）} \qquad (5.5)$$

である。トーラスからn個の面だけを除去したわけであるか

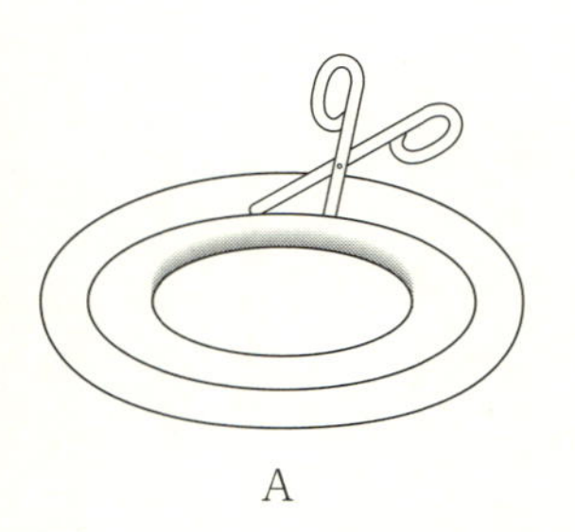

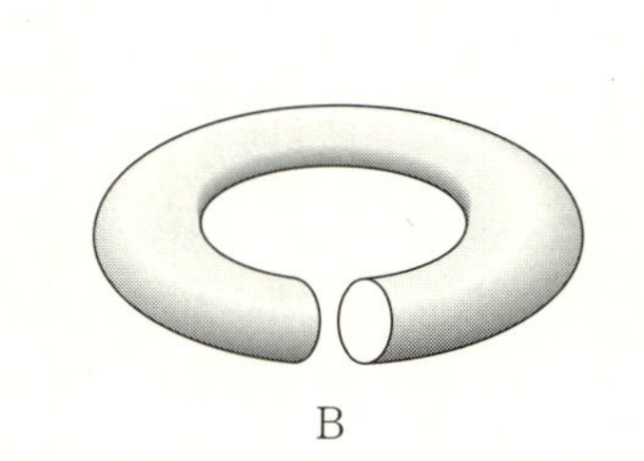

図 5.7　トーラスを切る

ら（つまりfの値だけをn個減少したのであるから)、式 (5.5) は当然だといえる。

この場合、クッキー形であるジーナスnの曲面と穴あきトーラスとを混同してはいけない。ジーナス曲面の方はどこを探しても境界はないが、穴あきトーラスでは穴のまわりがふち（つまり境界）になっているのである。話がややこしくなるだけだが、トーラスに穴が1つできるごとに、一次元ベッチ数は1つだけ多くなる。零に縮小できない「独立な」円周が1つできるからである。これに対して、クッキーのジーナスの数が1つふえると、一次元ベッチ数は2つ増大した。

なおトーラスで、零にホモトピーでない（つまり零にまで縮小できない）円周にはさみを入れても、トーラス面は2つに分かれることはない。図5.7からこのことはすぐにわかる。これに対して零にホモトピーな円周を切ってしまえば、それがトーラスでも球面でも、切った部分ははがれてしまう。

詰将棋

図5.5のAやBは、円柱側面やトーラスなどを長方形（実際には正方形）に描いたものだが、トポロジー的に頭を訓練するためには、むしろ紙面に描かれた長方形をもって「定義されたある曲面だ」という考え方に徹した方がいいかもしれない。その意味で「正方形に描かれた特定の曲面」に馴れるために、その面での詰将棋を考えよう。将棋そのものの練習をするわけではないから、つぎに示す2題とも（将棋ファンにとってはバカみたいな話だが）、わずか1手詰である。

図5.8は左右がつながっている円柱側面だとする。味方の持ち駒が銀1枚のとき、さて詰め手は？

☖9三金がなければ、☗9二銀、☖7一玉、☗6二飛成りの詰みがある。しかし9三に金が頑張っているためにこの手は効

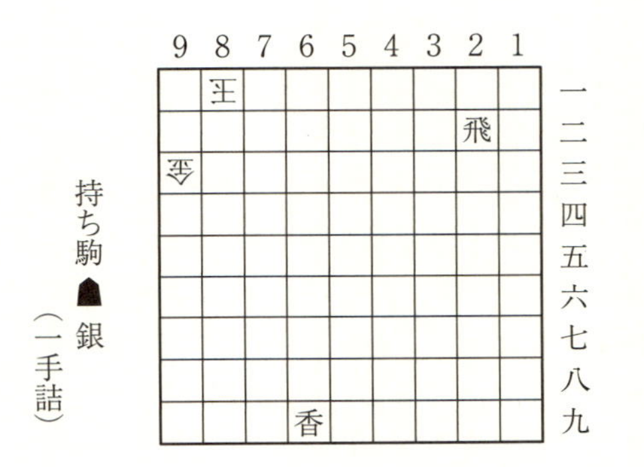

左右につながった円柱面

図5.8　詰将棋Ⅰ

かない……というのが、ふつうの将棋である。ところが円柱将棋では、1手で詰む。正解は……☗8二銀である。敵玉は9二へ逃げてしまうではないか……などと言ってはいけない。☗2二飛は右に走り、1二から9二へと抜けられるのである。つまり円柱将棋では二筋に飛が効いているときには、玉頭に銀打ちで敵玉は詰むことになる。

図5.9の上は、トーラスであるから、大分ややこしくなる。味方の持ち駒は角だが、さて詰め手は？

ふつうの将棋だったら角で王手をかけてみても、敵玉は9一に逃れて、そのあとの攻撃が続かない。さてどうしたらいいだろうか。

トーラスのように上下がつながっている場合には、一、二、三筋が敵陣、七、八、九筋が味方の陣と考える根拠はなさそうである。だから敵陣に突入すれば成り駒になる……という規則は止めた方が合理的な気がする。このことは今の場合には関係ないが、とにかく図の敵玉を仕止めるにはどうしたらいいだろうか。

注意しなければならないのは、敵玉は9九、8九、7九の位置に逃げられるということである。言い換えると玉は盤の真中にいようが隅にいようが、常にまわりの8個の位置に移動できるのである（もっとも、味方の駒でふさがっていれば別だが……）。

正解は……☗4五角である。だって☗4五角なら☖9一玉あるいはさらに九筋に逃げてしまうではないか……と思われるかもしれないが、トーラス将棋盤ではそうはいかない。図の下に4五角の利き筋を示した。たとえば右上に走る場合、1二のつぎに9一に出てつぎに8九に現われ、そのまま右上に走れ

	9	8	7	6	5	4	3	2	1	
		王		金						一
								飛		二
										三
										四
										五
										六
										七
										八
										九

持ち駒 ☗角（一手詰）

トーラスの詰将棋

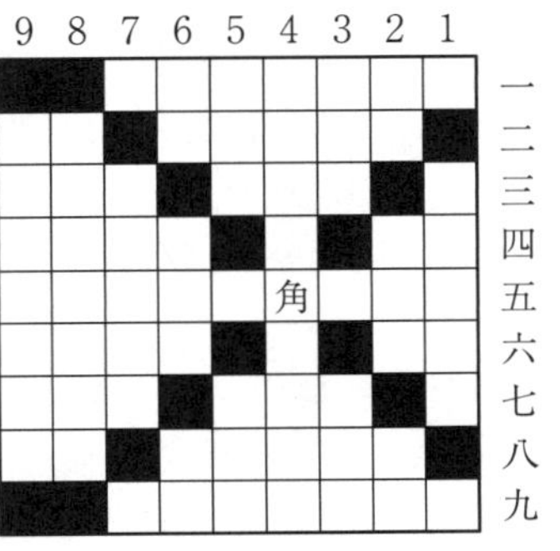

トーラスでの角の利き筋

図5.9　詰将棋Ⅱ

ばもとの4五にかえる。もし4五の角が左上に走れば8一のつぎが9九、つぎに1八に抜けてそのまま左上に進み、やっぱり4五に戻る。つまり4五角と打てば、9一、8一、9九、8九の地点がいちどに当たりになってしまうのである。7一と7九の位置は☗6一金が当たっていることはすぐにわかるだろう。こんなわけで、敵の玉はわずかの1手で詰んでしまう。

さらにこの詰め将棋で重要なことは、角打ちに対する「合い駒」が利かないことである。かりに☗4五角に対して後手がたが6三か5四に駒を打ったとしても、これは無意味である。☗4五角は右下に走り、1八から9九に出て、さらに8一に抜けるからやはり玉に当たっている。このように角や飛車は（盤が閉曲面だから）両側から敵玉に王手をかけたことになるのである。

へんなタイヤ

トーラスについては、基礎的な事柄は一応終わった……といいたいところだが、トポロジーというものは考えれば考えるほどおかしな内容がでてくる。トーラスは、なにもドーナツや浮き輪のように「ぶあつ」なものでなくてもいい。自転車のタイヤか、あるいはもっと細いゴム管でもかまわない（もちろん輪のようになっていなければならないが……）。そこでさっそく図5.10のようなへんなタイヤが考えられる。Aはふつうのトーラスだが、BやCはまことに妙な形になっている。とはいうものの、BもCも断面はどの個所でも円形であり、管の方向にたどっていけば、とにかくひと回りしてもとの場所に戻る。したがって、BもCもトーラスの仲間である。

しかしBやCは、いくら結び目を解こうと努力しても、Aのようにはならない。またCをBのようにすることも不可能である。こんなわけでBやCをノットしたトーラスとよぶ。

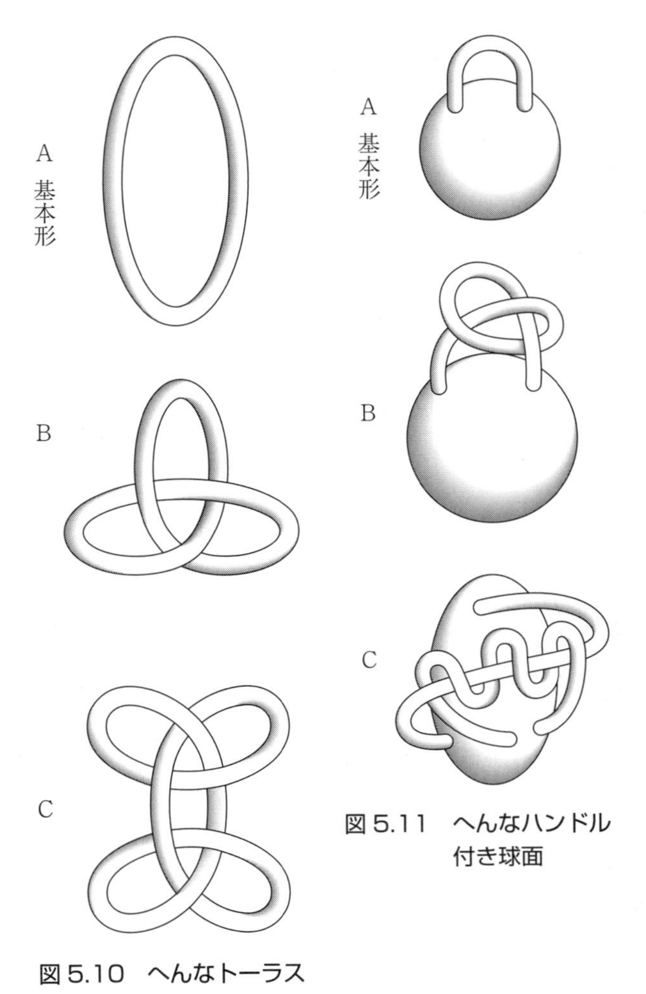

図 5.10　へんなトーラス

図 5.11　へんなハンドル付き球面

「ノットした」をそのまま日本語に当てはめれば「結ばれた」ということになろうが、「結ばれた」とよぶと連結とか固く結合したとかいう意味にとられやすい。やむなくナマのまま、ノットという言葉を使うわけである。

これまでは位相という言葉の「位」と「相」とを別に考えることはなかった。ところが、ここで初めて両者を切り離さざるをえなくなった。図のA、B、Cは「相」は同じだが（いずれもトーラスであるから）、「位」が違う……とするのである。「位」の違いを調べていくと話は複雑になるばかりだから、ここではとにかくA、B、Cは「位」が異なっている、ということにとどめておこう。たとえばまっすぐな面で切断した場合、その断面は基本形Aでは2つの円周か、1つの円周か、あるいはその境界で8の字になるかであるが、「位」の違うものでは断面がもっとややこしくなる。

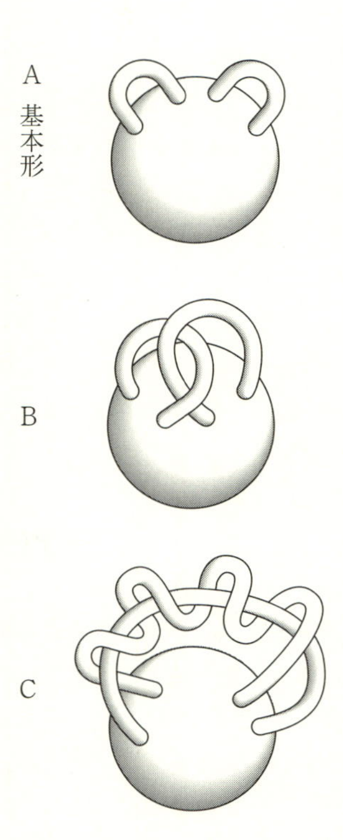

図5.12　2つのハンドル付き球面

図5.11はハンドル付き球面を描いた。いずれもトーラスと同相である。こちらの方は一部が球面や楕円体面になっ

ているが、管の一部がふくらんでいるかどうかということは、トポロジー的には無意味である。A、B、Cはいずれにもトーラスということで相は同じだが、位が異なっている。図5.10も図5.11も、さらにはもっとゴチャゴチャした閉曲面でも、オイラーの標数もベッチ数も、ふつうのトーラスと全く同じである。

へんな形ができるのは、トーラスだけではない。クッキー的なジーナスnの閉曲面ではもっと複雑なものができる。図5.12はジーナス2の場合（つまり2つのハンドルの付いた球面）だが、へんなものを考えだしたらキリがない。とにかく「位」の違いとひと口に言っても、内容はずいぶん複雑である。ただし、これらがすべて二次元多様体であることはもちろんである。

あやとりのひもは、本質的には図5.10と同じものである。これを両手にかけて、10本の指を巧みに使いさまざまな形をつくる。手先の器用な日本人的な遊びだが、ノットすることはない。

凸と凹との違い

図1.13に描いたCとC′とは同じかどうか……の問題は、あまりはっきりとは説明されてなかった。「相」は同じでも「位」が違う、と一応述べておいたが、せっかく「位」が問題になったから、この話をもう少し詳しく考えてみよう。CとC′とを一致させるには、つぎのような、2つのケースが問題になる。

①終端辺の付け根をちょうつがいのように考えて、三次

元空間を利用して、ひょいと折り返す。

②このグラフが球面に描かれているものとすると、直ちにCをC′にすることが可能になる。

前者については、直感的に理解できる。②の場合をわかりやすく描いてみると図5.13のようになる。外側のでっぱりが、いつのまにか内側にきてしまう。当然だと言えば当然だが、しかし面の中にだけあって（つまり三次元の世話になることなく）、外側の突起物を内側に入れてしまう……というのは、ちょっとした手品のような気もする。曲面の話でなく、もし三次元空間が曲がって閉じていたら、「あかずの箱」の内側と外側とがそっくり逆になりはしないか（しかも四次元の助けを借りずに）、などという空想もおもしろい。もっともそのためには、あかずの箱を宇宙の直径程度の大きさにすることが必要だろうが……。

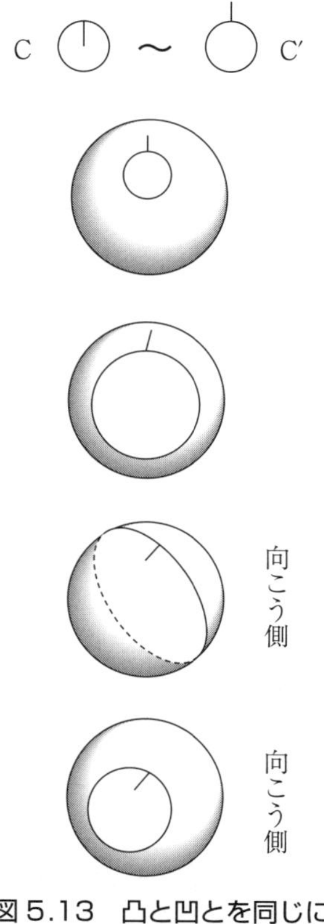

図 5.13　凸と凹とを同じにする

このようなことができるのは、球面の持つ独特な性質のた

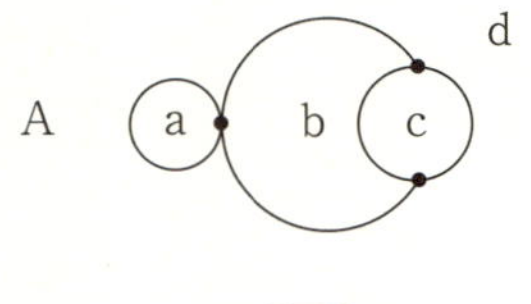

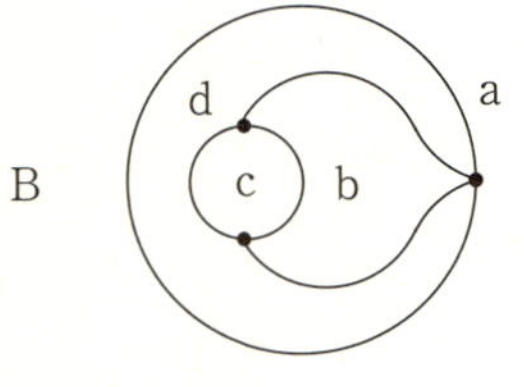

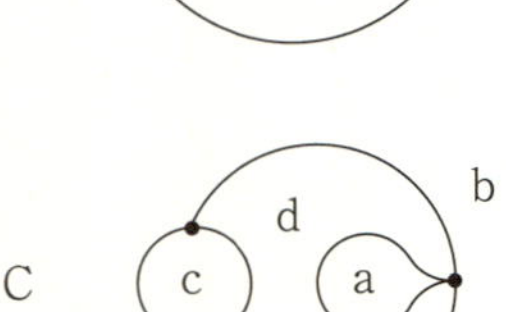
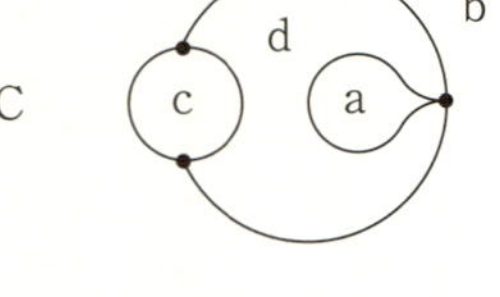

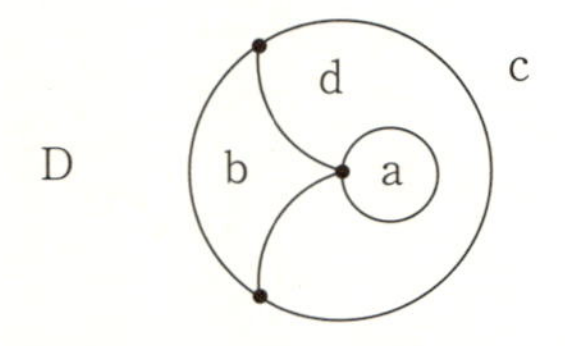

図 5.14　球面上での変形

めである（一次元ベッチ数が零だからこそ、こんな芸当が可能になる）。

それではもう少し複雑な図形を球面に描いてみて、これがどのように変化できるか考えてみよう。図5.14Aが最初のグラフだとする。はたしてどうなるだろうか。

結論を先に言ってしまえば……BにもCにもDにも変化するのである。ただ、この場合には平面上のグラフよりはかなり理解しにくい。本当にそうかなあ……などと首をひねるケースもでてくる。だからこの場合（球面上のグラフの変形）も、多少とも規則というものを考えてみよう。

球面上でのひっくり返しというのは、図5.13でわかるように、1つの面分をぐんぐん大きくしていって、その面分を新しい図形の外側にしてしまい、その面分以外の部分（変化まえの図形では、当然外側の広い領域を含む）を変化後には内側にしてしまうような変形のことである。

さて図5.14のAで、面分をa、b、c、外側の広い領域をd

とする。ここでaを大きくして、外側の領域にしてしまったのがBである。bを大きくすると図のCになる。cを大きくしたものが図のDである。aはdに囲まれ（そうしてbとは1点で接しており）、bはcとdとに隣接し、cはbとdとのお隣である……という事情は、このような変形によっても不変に保たれる。何度も言うようだが、これらの図形は、互いに相は同じで位が異なっている。

結び目のはなし

前節のように面の中に完全に描かれたグラフは、ゴム風船に描かれた図形のように考えて、うまいこと一致させることができたが、三次元中の閉曲線の場合などは、このようなうまい方法がとれない。

三次元中の曲線は、初歩の研究段階では糸とか輪ゴムのようなものを頭に入れて話を考えるのが好都合であり、いざとなれば実験的に確かめることも可能である。

図5.15は空間中におかれた閉曲線のありさまを描いたものである。線が切れているように描いてあるのは、切れていない線の向こう側にあるものとする。

さて、AからGまでの7つの場合をそれぞれ調べてみると、すべて「位」が違っている。Aは円周と位相が等しい。だって面分が4つあるではないか……などと言ってはいけない。ここでは紙面に描きうつしたグラフを問題にしているのではなく、三次元的な意味で円周と同じであることを主張しているのである。輪ゴムをちょっとひねってやればAのようになることはすぐわかるだろう。しかしBは絶対に輪ゴムと同じ

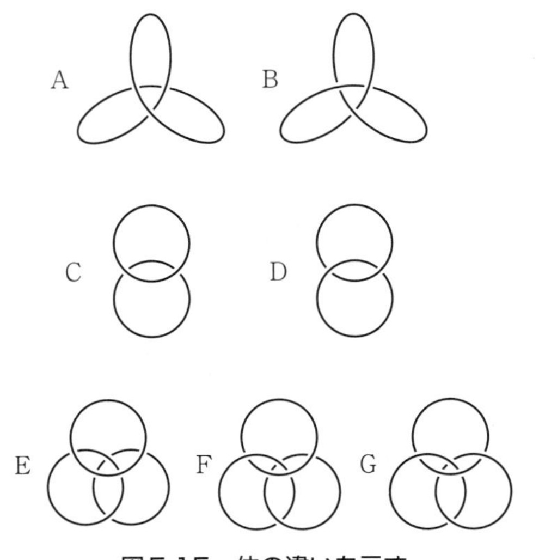

図5.15　位の違いを示す

にはならない。図5.10でも述べたが、Bをノット、Aをアンノッテッドとよぶ。だからAとBとは「位」が違う。

Cは2つの輪が離れており、Dはつながっている。Dの場合を、2つの輪がリンクしているという。当然CとDとは「位」が異なる。

Eは3つの輪がバラバラ、Fは1と2、2と3（輪の名前を1、2、3とした）とがリンクしており、Gでは1と2、2と3、3と1がいずれもリンクしている。したがって3者ともに「位」が違っている。

リンクを見分けるのは意外にややこしい。図5.16の上のa～fの6つの輪のそれぞれが、互いにリンクしているかどうか……ということになると、目がチカチカして頭がクラクラしてしまう。1度に全部のマルをにらんでもどうしようもない。下の図のようにaからfまでを丸印で描き、ペア（対）ごとに調べてみて、リンクしているものは線で結ぶ……という方法をとるのがいい。2つの輪が2点で交わっており、さらにその2点で一方の輪が上と下とになっているときに、この2つはリンクしているのである。根気よく調べてみると図5.16の下のような具合になる。

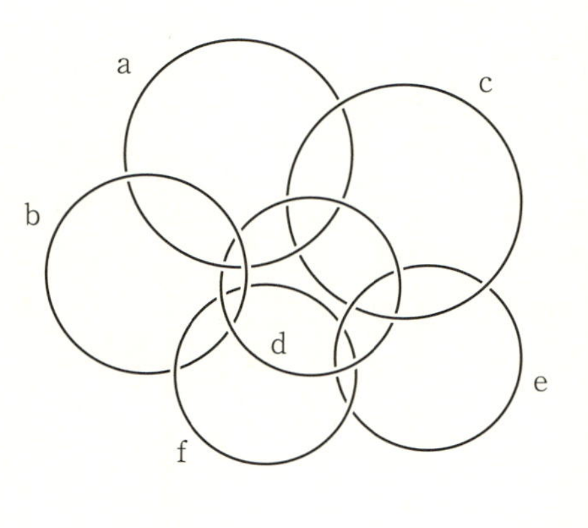

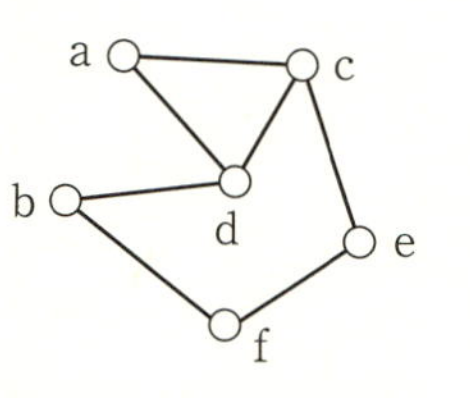

図5.16　輪のリンク

平面内で、円周の中に閉じ込められた点は円の外にでることはできない。しかし三次元空間を利用すれば、つまり平面からピョンととびあがることが可能なら、すぐに外に脱出できる。同様にバレーのボールの中に野球のボールが入っていれば、外側のバレーの方を破らずには野球ボールを取り出すことは不可能である。しかし、もし四次元の世界をちょっと借用できれば……何の造作もなく中の物体を外側につまみ出せる。

リンクした2つの輪をはがすことは不可能である。またノットした輪をときほごすこともできない。もしそれを可能にする方法があるとしたら、四次元空間を利用するほかないであろう。というよりも、可能とか不可能とかきめつけているわれわれのものの考え方が、三次元空間という固定的な観念の枠を出ていないのである。

6 国盗り物語

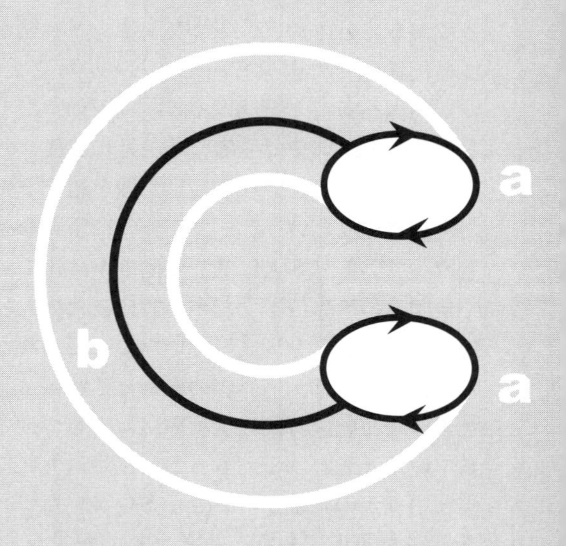

領土の境界

日本のように四面海に囲まれた国では国境などというものはあまり意識しないが、大陸にある不安定な国にとっては、国境とはあくまで暫定的なもの、人為的なものであり、時代の趨勢（すうせい）に応じて変化する線のことである。だから、ある地方の住民が、今日はA国に属し、明日はB国の人民になる……ということも珍しくない。島国の日本では考えも及ばないことである。日本の○○県がX国に、△△県がY国になってしまい、鉄道で外国旅行……などということは想像もできない。外国へ行くことと「海外」旅行とは同義語になっている。日本人がいやでも応でも国外に移住せざるをえない破目になったら……ということは想像を絶する思考であり、このため日本沈没というテーマが非常に斬新な感覚で、安逸をむさぼっている日本人に厳しく働きかけることになる。

他国との境界は不変だが、封建時代の大名の領土は国内に複雑な「面分」を形成していたことであろう。江戸時代も安定期にはいれば、境界線の変動はそれほど激しくはなかっただろうが、戦国時代には境界線は押しつ押されつの揺れ方をしていたと思われる。もっとも乱世においては何をもって領土というかの定義がいささかあいまいだが、年貢を徴収できる範囲が領土である、と考えるのが最も妥当ではなかろうか。

べつに領土の話をしようというのではない。国でも県でも、これを地図にした場合、1つの国を1つの色でぬりつぶし、隣国は必ず別の色を使う方法……よく知られた多色問題を考えてみたいのである。

理屈はあとまわしにして、早速パズルを考えてみよう。図6.1は奥羽地方と関東地方を県（および都）別に描いたものだが（新潟県を含む）、クレヨンはA、B、Cと3種類ある。青森県をAで、岩手県をBでぬったら、千葉県は何色になるであろうか。

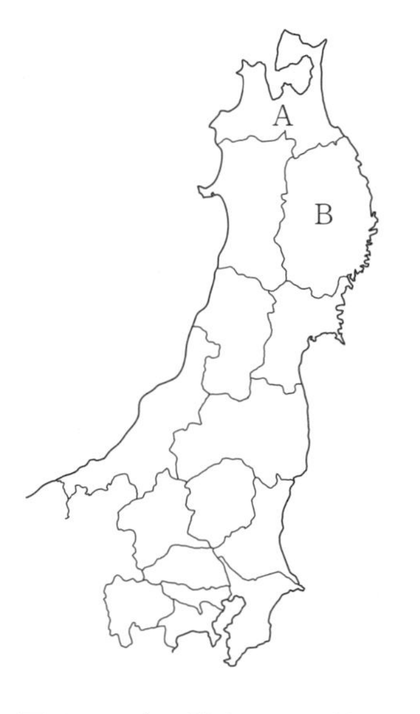

図 6.1　奥羽地方と関東地方

秋田県はCになり、宮城県はA、山形県はB……というように順次ぬりつぶしていくのが手っ取りばやい。そうして千葉県は……Aでなければならない。実際に調べていけばわかるように、図6.1に関するかぎり、神奈川県以外の色は確定してしまう。神奈川県だけが、AでもCでもいいことになる。

いつもこんな具合に3色あればいいかというと、そうはいかない。実際には群馬県と茨城県とがくっついていなかったからよかったようなものの、もし栃木県がもう少し小さくて群馬と茨城との県境が存在したら、北からぬりつぶしてきたとき、図6.2のように茨城県はぬる色がなくなってしまう。地図のぬり分けには、このように4色が（ことによるとそれ以上の色が）必要である。

面を点にする話

日本を県別に分ける話がでたから、もう少し県境を調べてみよう。海に面していない県の数はいくつか。これはマトモなクイズとしてよく出題され、答えは8県。それでは県境に注目して、次数4以上の頂点はあるか。この問いについては、すぐに答えられる人は少ないのではなかろうか。日本地理の好きな人でも、さあて……と首をかしげて、地図を調べ始めることが多い。どこに何県が存在するかは知っていても、県境の線となると、意外に盲点になっている。解答は……次数4以上の頂点というのは日本にはない。県境を道にたとえれば、四辻、五辻などというのはなくて、すべてが三叉路なのである。栃木県南部や奈良県南部ではかなりきわどく県境が入り乱れているが、正確には次数3の頂点になっているようである。もっとも奈良県南部の瀞八丁（どろはっちょう）付近というのは、和歌山県の飛地であり、これもまた珍しい例である。島嶼（とうしょ）を別にすれば、県というのは1つの面分であるはずだが（もっとも滋賀県などはアニュラスだという言い方もできる）、和歌山県にかぎり、零次元ベッチ数は1ではない。

図6.2　もし栃木県が小さければ

アメリカの州は無造作に直線で州境を定めたものが多い。縦と横にどんどん線を引いて州をつくっていくのだから、定めて次数4の頂点が多いような気がするが、これが意外とそうでない。コロラド高原の中央部で、コロラド、ユタ、アリゾナ、ニューメキシコが1点を共有しているが（つまり州境についていえば次数4の頂点になっているが）、そのほかは不思議とおもえるほど、次数3の頂点ばかりである。4つの州が1点で接するのを嫌ってのことなのか、とにかくアメリカの州区分を見るたびに何となく作為めいたものを感じる。なおヨーロッパ諸国の国境線を見ても、やはり次数4以上の頂点は見当たらない。

再び日本の県境の話に戻って、（北海道および沖縄県を除いて）隣接県が1つしかない県があるか。このへんの問題になると、地理好きの人からはすぐに解答が得られるだろう。長崎県がそれであり、長崎県以外には該当するものはない。それでは隣接県が2つだけのものはどうか。意外に少なく4県であり、青森県、香川県、高知県、佐賀県がこれに相当する。それでは逆に隣接県のかずの最も多いものは何県か。長野県の8県が最も多く、岐阜県の7県がこれにつぐ。

ところで2つの県が隣接しているか、それとも離れているかを調べるには、地図を見ればいちばん確かなことはもちろんだが、もう少しわかりやすく表示する方法はないものだろうか。それには……図6.3の下の図のように県を丸印にして、境を接しているものについては丸同士を線で結ぶ……というやり方が簡単で明瞭である。つまり県（面分）を点で表わし、面のつながりを線で表現するわけであり、したがって新しくできたグラフの線で囲まれた部分（つまり新しいグラフ

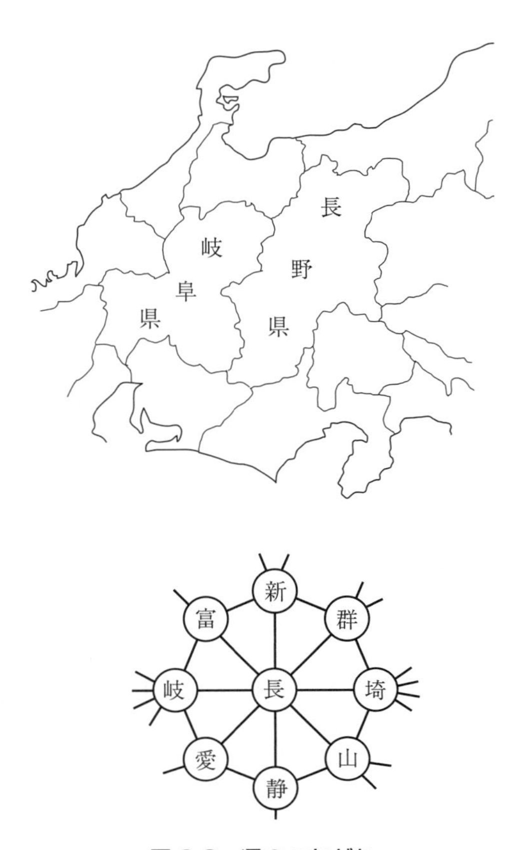

図 6.3　県のつながり

での面分）は、もとのグラフの1つの頂点に相当することになる。

以上のことをもう少し一般的に考えてみよう。図6.4で白丸が頂点、実線が辺をあらわす。ただし今度は、単に面とい

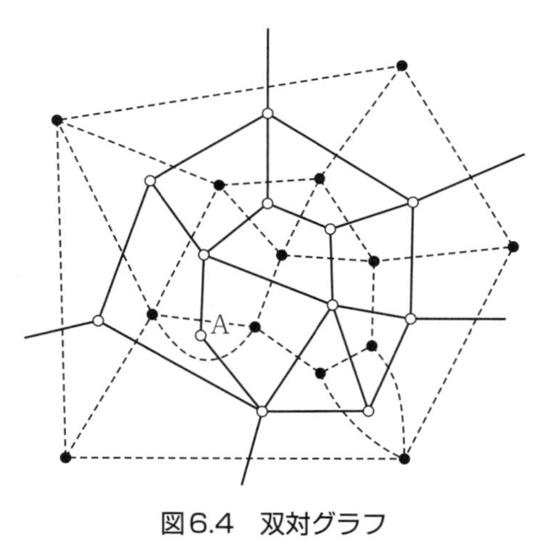

図6.4　双対グラフ

う言葉は面分ばかりでなく、周辺の無限に広い面をも面の仲間に入れることにしよう。そうして各面に1つずつ黒丸をつけ、実線で描かれた辺に必ず1本だけがクロスするように点線を描いて、この点線が黒丸同士を結ぶようにする。古いグラフ（白丸と実線）から新しいグラフ（黒丸と点線）が得られたことになるが、しかし考えてみると黒丸と点線の方が先に描かれていても、これにさきの規則を適用してみると実線と白丸のグラフが描かれることになる。言い換えると両方のグラフは「お互いさま」であり、どちらが主でどちらが従か、などときめることはできない。こんなとき、この2組のグラフは互いに双対であるといい、1つのグラフに対して他のグラフのことを**双対グラフ**とよぶ。

なお図6.4で、A点のような次数2の頂点がある場合は注意しなければならない。図でみられるように、双対グラフの辺は、A点の両側でもとのグラフの辺と交わっているのである。

規則的なものは少ない

図6.5に、互いに双対なグラフの例を4組ほど描いてみた。左右の図が双対になるが、左側での周囲の無限に広い面が、右図での右端にある点に相当している（つまり数学の言葉でいえば「対応している」)。同じ「田」の字でも、頂点の数を5とみるか、9とするかで双対グラフの形は変わってくる。

双対グラフの頂点の数はもとのグラフの面（無限面を含む）の数に等しく、面の数はもとのグラフの頂点の数に同じである。それでは辺の数はどうなるか。これは両者で等しい。1本の辺に必ず1本の、しかも1本だけの辺がクロスしているから、このことは当然である。

球面上に描いたグラフでは、双対グラフはもっとはっきりしている（無限面などというややこしいものを考えなくてもいいから)。図2.14に十二面体を、図3.12に四面体、六面体(立方体)、八面体、二十面体を描いたが、これらの双対グラフはどうなるか。結果だけを書くと、つぎに書くように、矢印の左右が互いに双対になる。

四面体⟷四面体
六面体⟷八面体
十二面体⟷二十面体

各面がすべてn辺形である多面体というのは、ここに挙げた5種類しかない。さらにこれらの多面体には正多面体が存在するが、このへんの事情は双対グラフを使って理解することができる。要するに正80面体とか正500面体とかは、いくら頑張ってもつくれないのであるが、このことを簡単に説明してみよう。

各面がすべてn辺形である多面体があったとして（その頂点、辺、面分の数をそれぞれv、e、fとする）、その双対グラフの各面がすべてn'辺形であったとする（こちらは点、辺、面の数をv'、e'、f'とする）。

このように規則性のある多面体では（このような規則性を**正則**とよぶことがある）

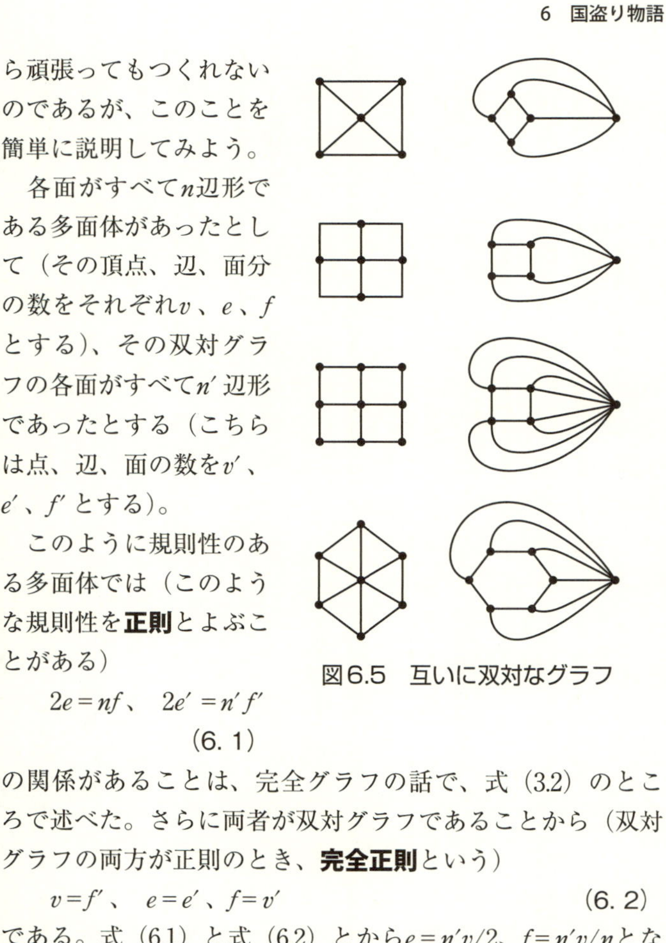

図6.5　互いに双対なグラフ

$$2e=nf、\quad 2e'=n'f' \tag{6.1}$$

の関係があることは、完全グラフの話で、式（3.2）のところで述べた。さらに両者が双対グラフであることから（双対グラフの両方が正則のとき、**完全正則**という）

$$v=f'、\quad e=e'、f=v' \tag{6.2}$$

である。式（6.1）と式（6.2）とから$e=n'v/2$、$f=n'v/n$となるから、これらをオイラーの式$v-e+f=2$に代入すると

$$v-\frac{n'v}{2}+\frac{n'v}{n}=2\quad つまり\quad v(2n-nn'+2n')=4n \tag{6.3}$$

である。nは1つの面分の辺（あるいは頂点）の数、vは全頂

点の数だから、どちらも正の整数である。したがって、式(6.3) の左辺の括弧の中も正の整数でなければならない。つまり$2n-nn'+2n'>0$あるいは符号を逆にして$nn'-2n-2n'<0$である。この両辺に4を加えても、不等号の向きはそのままだから

$$nn'-2n-2n'+4<4 \quad つまり \quad (n-2)(n'-2)<4 \tag{6.4}$$

とならなければいけない。nやn'は3以上である（ここでは三角形よりも辺の数の少ない面分は考えない）。言い換えれば（$n-2$）や（$n'-2$）は1以上であり、しかも両者の積が4未満の整数だというのだから、結局は1と1、1と2、1と3（逆も含む）の組み合わせしかない。これらの場合を全部書きあげてみると表のようになる。

n	n'	$v(f')$	$e(e')$	$f(v')$	形
3	3	4	6	4	四　面　体
3	4	8	12	6	六　面　体
3	5	20	30	12	十二面体
4	3	6	12	8	八　面　体
5	3	12	30	20	二十面体

正則多面体（さらには完全正則多面体）は表以外のものは存在しえない。これらが正多面体、つまり球に内接することを証明するにはそれなりの説明が必要であるが、ここでは省略することにしよう。正多面体などいくらでもできそうな気がするが、実際にはそんなものではない……ということを承知していただければいい。

くにづくり

地図の色分けの問題に移ろう。あるものは2色で、またある場合には3色でぬり分けられるが、それらを個々に検討していくと長話になってしまうから、一足とびに最終結論に走ることにする。

（**定理**）平面または球面上に描かれた地図をぬり分けるには、5色あれば十分である。

これが有名な**多色問題**の結論だが、これまでいろいろと考えられた地図はみんな4色でぬり分けられてしまう。それでは4色でいいではないか……といいたいところであるが、そう簡単でない。5色で十分なことは証明できるが、4色でいいという結論はでていない。あるいは将来、誰かが5色でなければどうしてもダメだ……という画期的（？）な地図を提示することになるかもしれない。とにかくなぜ5色で十分か、要点だけにしぼって説明していこう。そのためにはいろいろな準備が必要である。

平面または球面上に（球面でなく楕円体面でも、もちろんかまわない。要は球面と位相が同じでありさえすればいい）任意の地図が描かれているとする。平面の場合は、有限面内の地図（たとえば日本の県別地図など）でもいいし、周囲のずっと広い範囲（たとえば海）まで含めてもかまわない。

さて国境線を眺めたとき、その頂点は次数3のものもあれば、次数が4か5か、あるいはもっと多いものもあるかもしれない。現実の地図では次数4以上というのは珍しかったが、一般論としてはどんなに多い次数も覚悟しなければならな

応仁の乱を皮切りに，全国いたるところに国づくり運動がたかまった。強者は弱者を食い，弱者は強者にひれ伏して，戦乱の世もやがて信長という異端児により統一化への道をたどっていく。

い。ただし次数2の頂点というのは（地図としては）無意味だから考えないことにし、また次数1の頂点（つまり端点）というのは地図にはない。

さて、ここで地図に細工をしてやることにする。次数4以上の頂点の場所に、どかんと独立国をつくってやる。そうすれば図6.6でわかるように、新しい国境線に注目したとき、すべての頂点の次数は3になってしまう。このような作為的なことをしても、多色問題の一般性はそこなわれない。つまり、図の右側のような新興国のできた段階で、たとえば5色でぬり分けられるとすれば、左側のようなもとの地図でも5色で区別できるということである。なぜなら……右側でよしとするなら、真中の国を1点にまで縮小して左側のようにするのだから、1つの国がつぶれるだけであって、隣接国境が新たに生じるということは絶対にない。右側の地図でn色で間に合うなら、左側では「御の字（おんじ）」で成立するわけである。結局……われわれは次数3の頂点のみからできている地図を調べていけばいいということになる。なお、各面がすべてn辺形であるグラフを正則グラフとよぶことはさきに述べたが、各頂点の次数がすべて等しい場合にも、これを正則グラフという。今後は次数3の正則グラフだけを問題にすれば十分である。

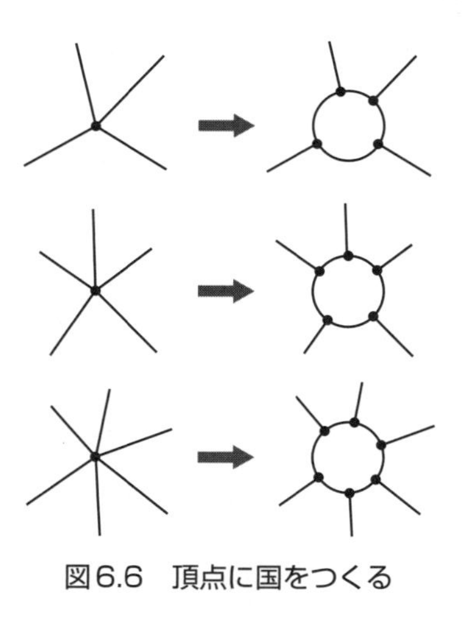

図6.6　頂点に国をつくる

隣接国の数

つぎに予備知識として必要なのは、以下に述べる定理である。いきなりこのようなことを言い出すといかにも唐突だが、とにかくこの事柄を知ってもらわないことには話は先に進まない。

（**定理**）平面または球面に描いたグラフの双対グラフでは、次数5または5以下の頂点が必ず存在する。

双対グラフなどを持ちだしたから、何となく話がややこしくなってしまったが、要するにどのような地図を描いてみても、すべての国が6ヵ国以上と隣接している……などというバカな話はない、ということである。

第2章や第3章でグラフ理論を学んだが、その復習をかねながら、上の定理を証明することにしよう。さて次数3の正則グラフがある。平面グラフなら、外側の広い領域も国と考えることにしよう。頂点の次数は3で統一されているが、面の方は二辺形、三辺形、四辺形などまちまちである。式（6.4）の場合には、二辺形など問題にしなかったが、今度は二辺形も考えなければならない。たとえばピレネー山脈の中にあるアンドラ（フランスとスペインの国境にまたがる）とか、インドと中国にはさまれたネパールなどは（ただしシッキムはインドの一部と考えて）立派な二辺形である。

それでは零辺形や一辺形はどうか。零辺形などという言い方があるかどうか著者は知らない。正しくは頂点零や頂点1の面分は考えなくてもいいのかということである。頂点零の面分というのは、図6.7にみるように確かにありうる。具体例を挙げれば静岡県浜名郡可美（かみ）村は、周囲が全部浜松市である。まわりがつぎつぎに浜松市に合併していったが、可美村だけは合併を潔しとしなかったためこのようになったわけであるが（なぜ合併しなかったかは、少なくともトポロジーには関係ない）、南アフリカのレソトも同様な事情にある（周囲は全部南ア共和国）。とにかくある国の中にスッポリ収まっている国はあってもいい。ただし多色問題の立場からみる

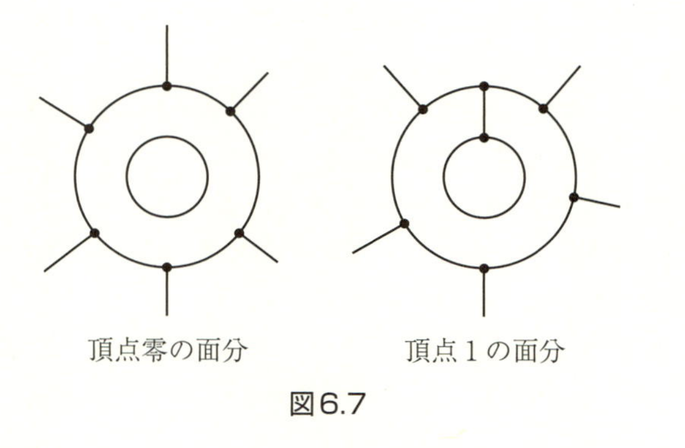

図6.7

とき、この国は周囲の国と違った色を使いさえすればいいのだから（この国に関するかぎり二色問題として解決できるのだから）、このようなケースは省いてもかまわない。さらに頂点1の国というのは図6.7の右のようになり、地図の問題としてはありえない（頂点1の国の周囲にある国が、自国の中に国境をつくるという矛盾した結果になるから）。そのため、すべての面分は二辺形以上として、計算を進めてもかまわないことになる。

さて地図の中で、（さきに述べたように、頂点の次数はすべて3とした）二辺形の数をg_2、三辺形の数をg_3、四辺形の数をg_4、……とする。面の数を全体でfとすれば

$$f=g_2+g_3+g_4+g_5+\cdots\cdots \qquad (6.5)$$

である。有限な多辺形（つまり円板面と同相）の中にすべての国がおさまっているときには、その外側の領域も1つの国と考える。このとき大多辺形の頂点（辺）の数がnなら、外側の国はn辺形とするわけである。多色問題で、外側の国ま

で考慮することは、ていねいすぎるキライはあっても、決して悪いことではない。

地図上の辺というものは、必ず2つの国の境界になっている。言い換えると、1つの国の辺をグルリとまわってかぞえて、このような勘定をすべての国について行なうと、1つの辺は必ずダブって計算されることになる。したがって全部の辺の数eの2倍は

$$2e = 2g_2 + 3g_3 + 4g_4 + 5g_5 + \cdots\cdots \quad (6.6)$$

である。いま問題にしている頂点は、すべて次数が3である。言い換えると、1つの頂点は3つの国から計算されることになる。したがって全頂点の数をvとすると

$$3v = 2g_2 + 3g_3 + 4g_4 + 5g_5 + \cdots\cdots \quad (6.7)$$

となる。ところでオイラーの式は$v - e + f = 2$である（平面の場合には、外側の無限領域まで含めての話だから、オイラーの標数は球面の場合と同じように2になる）。あるいは$12 = 6v - 6e + 6f$となるが、式（6.7）×2と式（6.6）×3と式（6.5）×6とをこれに代入し、慎重にずっと先の方の項まで計算してみると

$$12 = 4g_2 + 3g_3 + 2g_4 + g_5 - g_7 - 2g_8 - 3g_9 - 4g_{10} - \cdots \quad (6.8)$$

である。g_7以降の項はすべてマイナスになる。したがってg_2、g_3、g_4、g_5がすべて零になってしまうなどということはありえない（右辺が負になってしまうから）。これで定理が証明された。

5色で十分なことのあかし

多色問題は数学的帰納法で証明される。たとえば$n = 1$で

（実際には$n=2$でも3でもかまわないが）、ある事柄が事実だとする。そうして、かりに$n=m-1$でその事実が成立すると仮定するとき、その仮定から$n=m$の場合も成立することが導きだせるとき、nの値のすべてにわたってその事柄は真実である……とする論法である。

多色問題の話には双対グラフを使うのが望ましい。双対グラフにしたときの頂点の数$n=3$などのときには5色で十分のことはもちろんである。さて双対グラフの頂点の数が$m-1$のとき5色で色分けできていたとする。頂点をm個にしたら（つまり1個ふやしたら）どうなるか。このふやすべき1個を次数5以下の頂点（もちろん双対グラフでの頂点）と考えて差し支えない。次数4とか3とかの頂点があればそれに越したことはないが、最悪の場合を予想して次数5としよう（もとの地図についていえば、その国は5ヵ国に隣接しているわけである）。P点のないとき、5色でいろどられていたわけであるから、Pに連結した5個の点は、へたをすると全部違った色であったかもしれない。その場合を想定して、図6.8のAのように、Pのまわりは赤、黄、緑、青、白であったとしよう。

さて強引にPを設定するとどうなるか。もちろんこのままの状態でPに色をぬるなら、第6番目の色が必要になってしまう。このような最悪の状態にPが割り込んできたとき、それでもなおかつ5色で結構……ということを証明したいのである。

たとえば赤と青というように、1つおいた2色（逆まわりにかぞえれば2つおいたことになるが）に注目し、全頂点のうち、赤と青以外のものを、この双対グラフからすべて消去してみる。くどいようだが、頂点は実際には地図上の面（つま

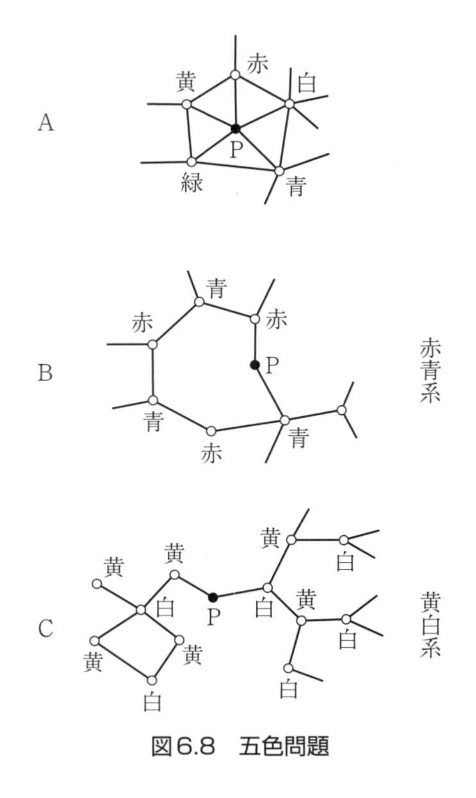

図6.8　五色問題

り国）を表わしており、点には色があって、辺は必ず色違いのものを結んでいるはずである。

Pから出発して、赤と青の頂点だけを辺を伝わってたどっていったとき、両方の道がつながっていなければ話は早い(以下の説明を多少はしょってもいい)。ところが図のBのように両方の道が連結していたとすると、赤青系はあきらめることにする。このときは改めて黄白系（緑白系でもいい）に注目してやる。黄と白の頂点だけを残し、あとはみな消す。今度はPから出る両方の枝は連結していないはずである。なぜなら赤青系が連結しているから、黄白系はそれにさまたげられてつながりようがない（図のC）。とにかくPから出発する2つの枝を適当に選べば、その両方の色だけを残したグラフを見るとき、2つの枝はP点だけでつながっていることになる。

さてこれで、図のCのようなことが必ず起こり得ることはわかった。そこでC図で、Pの左側（右側にしてもかまわないが）の枝で、黄を白に、白を黄にぬりかえてしまう。ただし右側の枝の色はそのままにしておく。このようなぬりかえをしても、色分けには少しの支障もない。こうすればPに隣る黄色は白に変わることになるから、P点は「大いばり」で黄色にぬることが可能になる。つまり強引に1つの国を建設しても、帰納法によって5色さえあれば色分けは可能だということである。

多色問題一般

地図の中に四辺形や三辺形さらには二辺形などがあれば話はもっと簡単だが、くどくなるだけだから証明はこのへんで打ち切っておこう。ただし図形に特別な性質があるときには、5色よりもっと少ない色で区分けは可能である。すべて証明は省略して、結果だけを述べるにとどめておく。

（**定理**）有限平面内で直線だけでつくられた領域をぬり分けるには、2色で十分である。

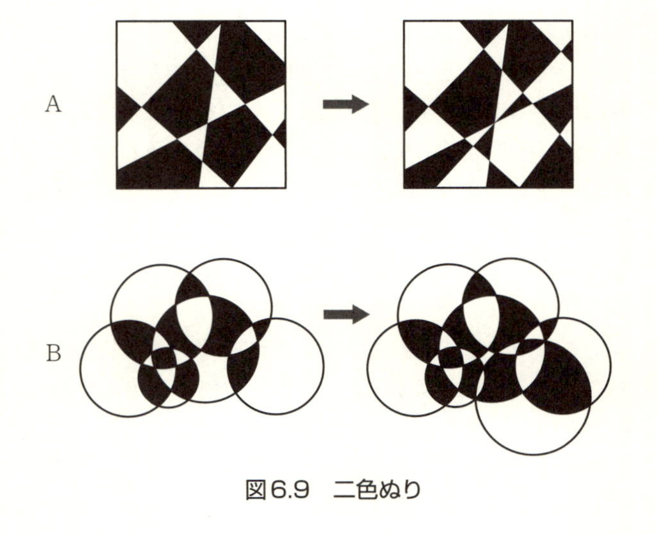

図6.9　二色ぬり

図6.9のAでは、$m-1$（ただし直線の数）が真ならばmの場合も真であることを示している。

（**定理**）円の内部だけでつくられた領域をぬり分けるには2色で十分である。

図6.9のBでは、$m-1$（円の数）で成立するならばmでも成立することを物語っている。このほか

（**定理**）地図のグラフの頂点の次数がすべて偶数なら、これをぬり分けるには2色で十分である。

この証明には双対グラフを利用するのがいいが、証明は読者におまかせすることにしよう。

それでは平面や球面より、もっと複雑な曲面では多色問題はどうなるか。アニュラス（レコード盤）では、ある国に湖

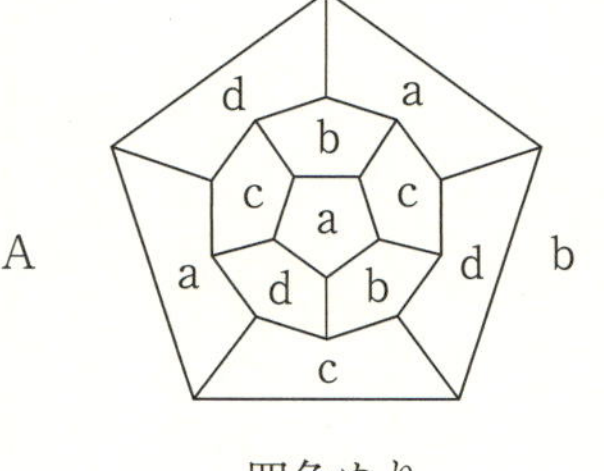

四色ぬり

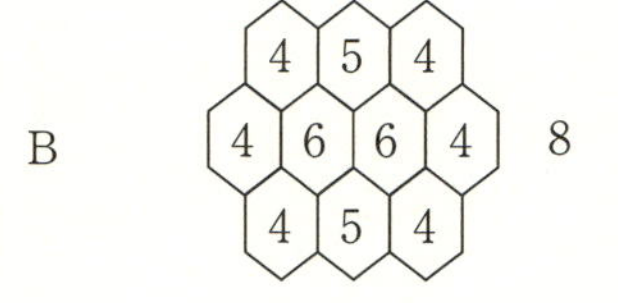

面のまわりの辺のかず

図6.10

でもある場合と同じだから、平面の地図と同様に論じられるが、トーラス（ドーナツ面）では7色あれば十分であり、ジーナス2の曲面（2つ穴のあいたクッキーの表面）では8色、ジーナス3の曲面では9色、ジーナス4の曲面では10色である。

繰り返すが、5色を必要とする地図はまだみつかっていない。ただし四辺形以下の面分を持たない図形は存在する。図2.14の正十二面体がそうであり、これが四辺形以下の面を持たない最小の図形であることが証明されている（ちなみに、サッカーに使う五角形だけを黒ぬりにした市販のボールは、正五角形12個、正六角形20個である）。しかし正十二面体は4色でぬり分けられる（図6.10のA参照）。解答を見てしまえばわけはないが、この図をa、b、c、dの4色で分けてみろと言われると、初めての人はかなりまごつくものである。

正十二面体が、四辺形以下を持たない最小の図形だなどと言ったが、それでは図6.10のBのような場合はどうだ、六辺形が10個（それと外側の面が1つ）ではないか、このグラフには三辺形、四辺形はおろか五辺形も存在しないではないか

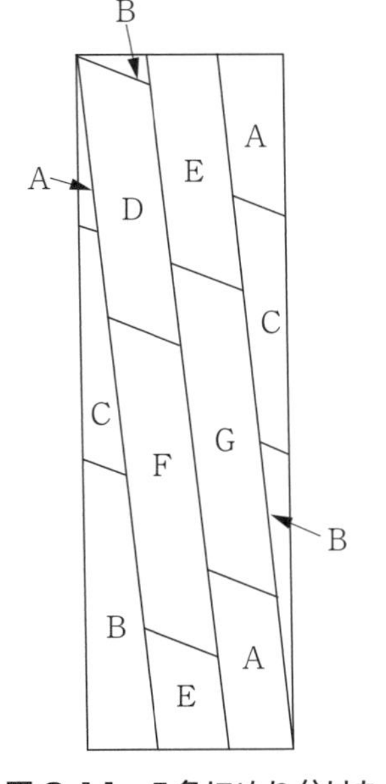

図6.11　7色にぬり分けたトーラス

……と反論されるかもしれない。しかしそれは違う。図のBでは六辺形が2個、五辺形が2個、四辺形が6個、それに八辺形が1個（外側の面）である。カタチにまどわされてはいけない。

地図が4色で描けるかどうかは、部分的には証明されている。ベルギーの数学者バッカーは35ヵ国以下では大丈夫だと主張し、さらにこの数は38ヵ国（フランクリンが提唱）、83ヵ国（レイノルドが提唱）とふえてきている。しかし計算機の発達した今日でも、**四色問題**はまだ完全に解かれていない。ちょうどフェルマーの大定理で（整数論で、nが3以上のとき、$x^n+y^n=z^n$は成立しないらしいということ）、数の小さい場合から、順次証明されつつあるのと似ている。

しかし、トーラスの七色問題はピタリと証明されている。7色で（A～G）ぬり分けられたトーラスを切り開いてみると、たとえば図6.11のような具合になる。どの面分も他の6個の面分とつながっている。

7 不思議な曲面

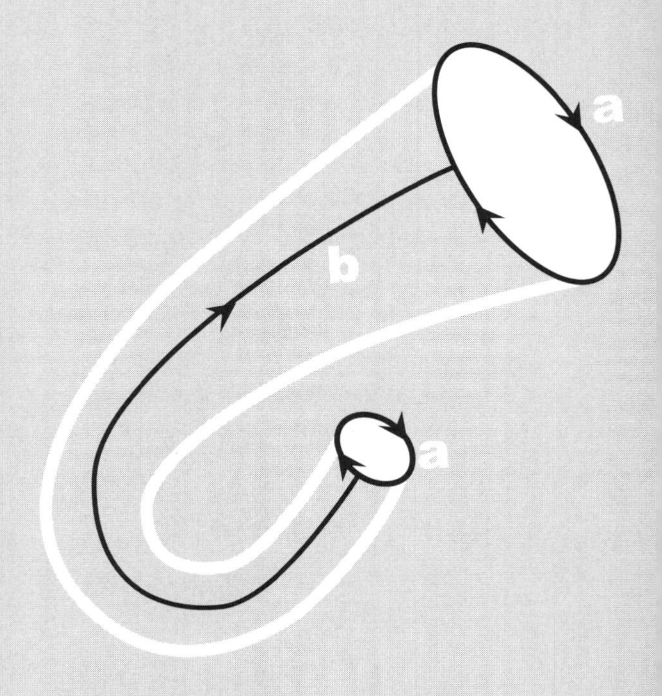

メービウスの帯

メービウスの帯という言葉は最近ではかなり一般的に知られるようになった。テレビのクイズの時間にさえ出題されることがある。要するに1度ひねった鉢巻きの形のことである。うっかりして、夜になって服をぬいだらズボンのベルトが1日中メービウスの帯であった……などということも珍しくない。

メービウスの帯はトポロジーには欠かせない。それどころか、メービウスの帯といえばトポロジー、トポロジーといえ

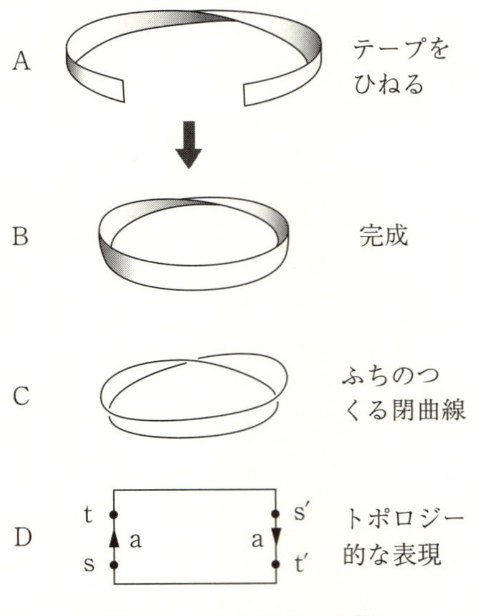

図 7.1　メービウスの帯

ばメービウスの帯と思われているくらいである。

つくり方はいまさら説明するまでもなかろう。図7.1のAからBになるように、ひとひねりしたテープをはり合わせればいい。テープの場合には確かに表と裏とがある。この場合、必ずしもスベスベした方が表でザラザラした方が裏だ、というように紙の質とか色とかで裏表を区別しているわけではない。とにかく一方に表という面があるとき、ふちを通らずにはたどりつくことができない他の面（つまり裏）が存在する……という意味である。

ところがメービウスの帯になると、テープのときには隔離されていたはずの裏と表とがつながってしまう。だから面をたどっていけば、境界に妨害されることなく（はり合わせた個所は、もはや境界だと考えてはならない）、全部の面を（テープの場合でいうなら、その裏も表も）経過することができる。もっとトポロジー的な思考法をすれば、メービウスの帯ではすべての面（テープの場合の裏と表）をもって、1つの面と考えなければならないのである。途中で面が大分ひねくれている……などということは、何度も言うようにトポロジーでは問題にしない。

メービウスの帯にも、もちろん「ふち」はある。テープの切り口の方はつないでしまったが、テープのふちはメービウスの帯になっても依然としてふちである。ところがこのふちを指で触れながらたどっていくと、結局全部のふちを経由してもとの場所に戻ってしまうことがわかる。つまりメービウスの帯のふち全体は「1つの」閉曲線を形成するわけであり、2つのふちを持つ円柱側面とは本質的に違っている。

それでは、ふちのつくる閉曲面はノットしているか、それともアンノッテッドか（図5.15（174ページ）のAのように、解けてしまうものはアンノッテッド。Bのように解けないものはノット）。このような問題となると、多少メービウスの帯に詳しい人でも、ちょっとまごつく。図7.1のCがその閉曲線だが、ふち（あるいはへり）はアンノッテッドであることは見ただけで理解できるだろう。

メービウスの帯の両へりの中間を（へりは1本しかないから、両へりという言葉は感心しない。しかし細い帯を局所的にみたら、一応両へりといってもいいだろう）、へりに平行にはさみを入れていく。全部切り終わったとき手を放すと、円柱側面とは違ってメービウスの帯は2つに離れることはない。子どもたちに見せる手品としては面白い。

へりは閉曲線をなしており、はさみはへりを切断しなかったから、当然つながっていなければならない。ただわれわれは、円柱側面を切る場合はその結果がどうなるか直感的に理解できるが、メービウスの帯の方はあまり感覚的でない。

簡単だけれども重要

たかができそこないの鉢巻ではないか、それをなぜまた、わざわざメービウスの帯などとよんで有り難がったり、大さわぎしたりするのか……と思われるひともあろう。確かにテープをひねってつなぎ合わせれば、裏と表がつながる。こんな細工は小学生どころか幼稚園程度だという感じもしよう。しかし現実的にあまりに簡単に製作（？）できる、さらには「もの」がなくても想像可能である……ということが、かえってメービウスの帯の（トポロジー的な意味での）重要性を等閑視する結果になっているのではなかろうか。

メービウスの帯とは、1つの曲面である。そうして曲面を研究する場合には、紙の上に描かれた面から出発するのが形式的な意味で好ましい。円柱側面は図5.5（159ページ）のAであり、トーラスは同図のBであった。これと同じ表現法によれば、メービウスの帯は図7.1のDのようになる。長方形のように描かれたこの領域がメービウスの帯である。上側と下側の辺は実はふち（境界）であり、この図では2つに分かれているように見えるが、実は1本の閉曲線である。そうして右側の辺と左側の辺とがくっつくわけであるが（というよりも、実際にくっついているのだが）、そのときには矢印の向きが一致するように連結する。したがってsとs′とは同一点、tとt′とも同じ点である。

ここで注意しなければならないのは、これがメービウスの帯だぞといって図7.1のDのような長方形を示されたら、その長方形はメービウスの帯全体を表現している、ということである。この長方形を切り抜いて、左右の辺を逆向きにこれからはりつけようというわけではない。すでに、そのような作業が完全に遂行されて、メービウスの帯という曲面が完全にでき上がった後の姿がDなのである。つまり図7.1のDと、単なるテープAとを混同してはいけない。円柱側面やトーラスについては、以上のような注意は必要でないことは、理解していただけるだろう。今後、長方形をもって、これより多少複雑なクラインの壺や射影平面などを代表することにするが、そのときには長方形が（たとえばクラインの壺の）全曲面を表わしている……というように考えてほしいのである。

このように（図7.1のDのように）長方形でいろいろな曲面

を表現する……という方法をとれば、メービウスの帯──→クラインの壺──→射影平面、という学習順序はそれほどむずかしいものではない。一方、クラインの壺や射影平面を想像することは非常に難解であり、製作することは不可能である(四次元空間がないかぎり、後の2者は存在することができない)。このように非常に抽象的な（あるいはトポロジー的なと言ったほうがいいかもしれないが……）曲面論の第一歩に、メービウスの帯が位置しているのである。だからメービウスの帯は重要である。たかがねじり鉢巻きなどと言って、バカにしてはいけない。

上は下なり下は上なり

メービウスの帯のオイラー標数は……これは円柱側面と同じで零である。曲面が妙な具合にねじれていても、その曲面に三辺形や四辺形などを描くさまたげにはならない。それではメービウスの帯のようなたちの悪い（いいか悪いかは個人の好みの問題だが、とにかく円柱側面ほどすなおでないことは確かである）曲面を、言葉で言い表わすにはどうしたらいいだろうか。

茶筒を机の上に立ててその側面に注目すれば、上は常に上であり、下は徹頭徹尾下である。もっとも上とか下とかの概念は、重力を意識した物理用語であり、トポロジー的には何らの意味も持ち合わせないが、たんに話をわかりやすくするだけのことだから、あまりやかましいことを言わずにそのまま聞いていただきたい。ところがメービウスの帯では上がいつのまにか下に、下がいつのまにか上になってしまう。上とか下とかに意味はないというなら、メービウスの帯という曲面では、向きを指定することが全く無意味（あるいは不可能）である。だからメービウスの帯のようなものを**向きづけ不能な面**（あるいはもう少し堅苦しく**不可符号な面**）とよぶ。ちなみに円柱側面は境界のある向きづけ可能な二次元多様体であり、球面は境界のない向きづけ可能な二次元多様体、メービウスの帯は境界のある向きづけ不能な二次元多様体だということになる。球面に上下があるのか……といわれそうだから、「向きづけ可能な面」の定義をもう少しはっきりさせよう。その面に、たとえば時計と反対回りに矢印をつけた小さな円周を描く。この小円周が曲面の中であちらこちらと旅をするものと考える。

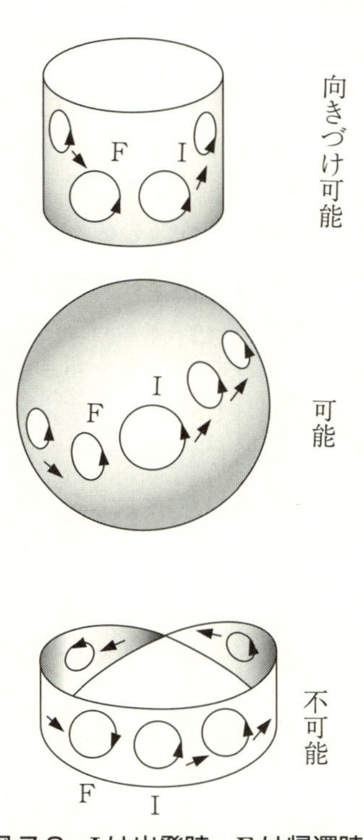

図 7.2　Iは出発時，Fは帰還時

球面や円柱側面、あるいは平面（およびこれらと位相の等しい曲面）では、小円周がどんな旅をしても、もとの位置に戻ったとき、図7.2にみるように反時計回りは依然として反時計回りである。向きづけ可能な面とはこのようなものをいう。

ところがメービウスの帯となると、そうはいかない。へたな旅行をすると、反時計回りがいつのまにか時計回りになるおそれがある。このようにへんてこな空間（ここでは二次元多様体、つまり曲面）を、向きづけ不能というのである。

三次元空間にも向きづけが定義できるが、現実の問題として、われわれの住む宇宙空間は向きづけ可能かそれとも不可能か。本当のところは……誰も知らない。一般相対論を調べてみても、そこまでは話が及んでいない。かりに不能だとすれば……巨人軍の王選手が大宇宙旅行をすることによって右打者になる……というようなSFじみた話も考えられることになる。

このように向きづけ可能か不可能か、という事柄はその空間の性質を調べるうえで、非常に重要な要素になっている。これまでの、アニュラス、トーラス、ジーナスnの曲面などはすべて向きづけ可能であった。メービウスの帯に話が及んで、初めて向きづけ不能な面が登場してきたわけである。

ねじり鉢巻の特徴

メービウスの帯は、実際につくって調べてみることが可能だから、いま少しその性質を考えてみよう。ふちから3分の1の場所を、ふちに平行に切っていくことにする。はさみはメービウスの帯を2周して、出発点に戻る。その結果は図7.3の

Bのようになるはずである。どうしてこんなふうになるのか、同図のAから考えてみよう。

はさみが2周することはすぐわかる。上の切り線の右端まで切っていったとき、はさみは下の切り線の左端から出てくるから、いやでも応でも2周する。2周すると、Aの図では長方形が3つに分かれるような気がするが、一番上と一番下とはつながっている。ただしねじれが2回ある（sとs′とでねじれ、tとt′とでもう1度ねじれると考えればいい）。だからできあがりの大きな輪は2回ねじれており、このため裏表ができている。一般に奇数回のねじれでは裏表がなく（メービウスの帯はねじれ1回）、偶数回なら裏と表とに分かれてしまうことは、直感的に理解できるだろう。

図のAで、真中に残された部分はメービウスの帯である。左右で（qとq′との部分で）向きが逆になっているためである。新しくできたメービウスの帯のふちは（もちろん図7.1のCにみるようにふちは1本だが）、すべてはさみによる切断のあとになっている。ところが大きい方の2回ひねりの輪のふちは（こちらは、ふちが2本の輪になっている）、1本がはさみによって生じたもの、他の1本はもとからあった（つまりはさみに触れていない）ふちである。

この2回ひねりの輪の中心線を、もう1度はさみで切っていくと、もとの輪と同じ長さで幅が半分の2つの輪に分かれるが、できた2つの輪は二重にからまっていて、両者を引き離してしまうことはできない。ただしできあがったどちらの輪も、裏表があり、向きづけ可能である。

それではメービウスの帯の3分の1よりも、もっとふちに近い所を、ふちに平行に切っていったらどうなるだろうか。や

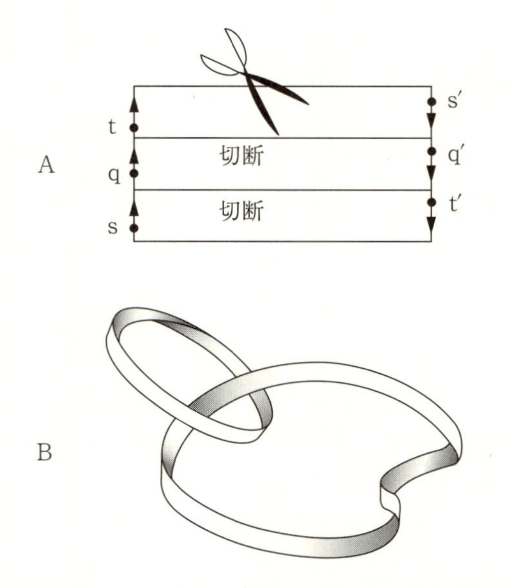

図 7.3　メービウスの帯を 3 分の 1 の所で切る

はり……図7.3のBに似たような2つの輪ができる。ただしこのときは、長い方の2回ひねりの輪の幅がせまくなり、いま1つのメービウスの帯の方は、かなり幅の広いものになる。

さきに、メービウスの帯のオイラーの標数は零であるといった。このことを実際に調べてみよう。

図7.4は1つの場合であるが、左上と右下とは同一点（これをAとした）、左下と右上とも同一点（B）であり、左右のaと描いた辺も同じものである。したがって図7.4で、aも1辺とかぞえて、頂点の数は6、辺の数は9、面の数は3であり、$v-e+f=0$となる。これらの数値に関するかぎり円柱側

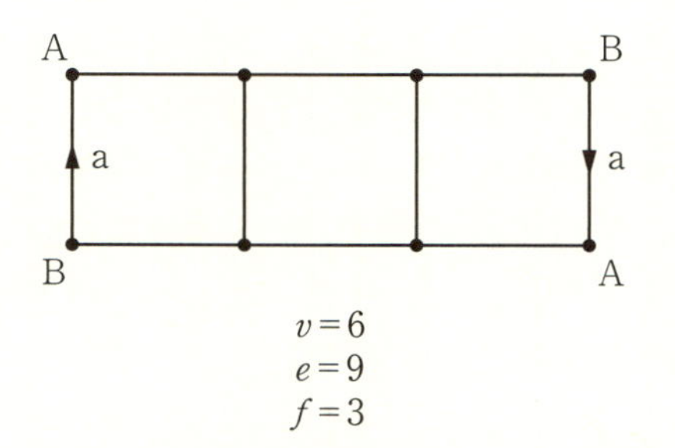

図7.4　メービウスの帯のオイラーの標数

面（またはアニュラス）と同じだが、円柱側面では左上と右上とが同一点（左下と右下とも同じ）であり、この意味で別ものである。

なお零次元ベッチ数は1（面がつながっているから）、一次元ベッチ数も1（零に収縮できない円周が1種類ある）、二次元ベッチ数は零（球面のように空間を2分してしまうようなことはない）であり、$p_0-p_1+p_2=1-1+0=0$となり、辻褄は合っている。しかしこれ以上複雑な向きづけ不能な面になると、ベッチ数を感覚的に理解するのは容易ではないのである。

クラインの壺

図5.5（159ページ）では、円柱側面とトーラスとを描いた。円柱側面の上のふちと下のふちとを同じ向きにつなげると、トーラスになる。同様なことがメービウスの帯についてできないだろうか。メービウスの帯も、上下がふちになって

いるから、これをつないでしまおうというわけである。「現実に」できるかできないかは問題ではない。数学というものはあくまで形式的（あるいは抽象的）な学問であり、こんな場合、「メービウスの帯の、上下の境界を同じ向きに結んだ閉曲面を考える」と言ってしまえばいいのである。一体それはどんな曲面か。どんな曲面もこんな曲面もない。メービウスの帯の、境界のなくなったような曲面である。

とはいうものの、できることならものごとを具体的に知りたい、と思うのは人の常である。形式的な定義だけで、それでよしとしろ……ではあまりに冷たい。模型を提示されなければ理解ができない、という思考型の人にとっては、とりつく島がない。それでは具体的モデルを……ということになるが、実はこの場合のモデルはつくれないのである。つくれないものを、トポロジーでは、かまわずにどんどん定義していく。

なぜつくれないか。いま問題になっている曲面は図7.5のAのように、左右は逆向き（ベクトル的にaと書いた）、上下は同じ向き（bとした）にはり合わせろというのである。さきにbをくっつけると、図のBのように円筒形になる。つぎにはり合わせるべきaは2つの円周になるが、その向きは図のCにみられるとおりである。面そのものは薄いゴム製で伸縮自在だが、Cを見て2つの円周aを矢印を揃（そろ）えてくっつけることは不可能であることは、理解できるだろう。その不可能をやってのけた結果が、図のAだと思っていただきたい（Aは、これからはり合わせる状態を示しているのではなく、すでにはり合わせが終了した図形だと解釈していただきたい）。

ただこの場合には、多少のインチキをがまんしてもらえ

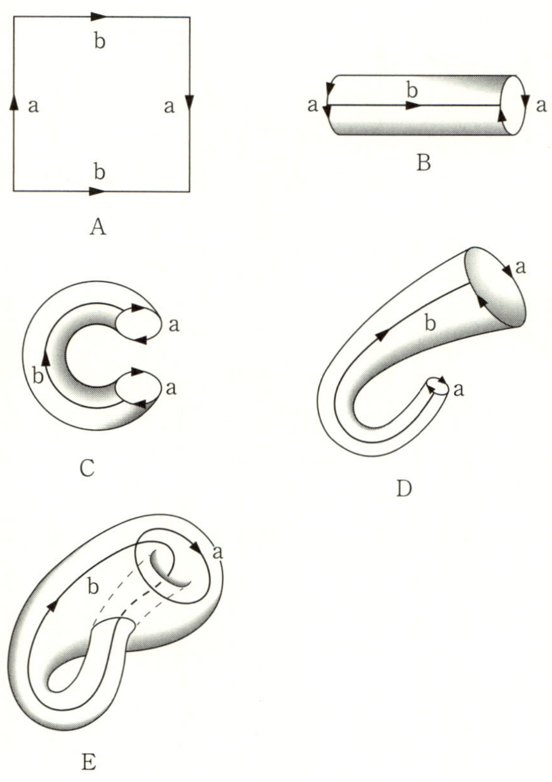

図 7.5　クラインの壺

ば、2つの円周を同じ向きに重ねることが可能になる。円筒をDのような形にもっていき、面の一部に穴をあけて（本当はこんなことをしてはいけない）、そこに円筒を通し、Eのように完成する。E図のaは首尾よく一致した後の閉曲線であり、bはA図の上下のふちの合致した跡を示す。そうしてEのような閉曲面をクラインの壺とよぶ。

正確にはクラインの壺は、E図のように側面を破ったりはしていないはずである。もし四次元の世界があり、その中でクラインの壺をつくってやれば（クラインの壺自体はあくまで二次元、つまり境界のない曲面である）、E図のようなゴマカシのないものができることが証明されている。

E図を見てわかるように、クラインの壺には裏と表とを区別する（区別するというよりも、隔離すると言った方がいいだろう）なにものもない。球面だったら、表側にいる虫は絶対に裏側に入れないし、円板面だったら表側に住む蟻はふちを通ることなく裏側にまわり込むことはこれまた不可能である。ところがクラインの壺では、そのようなことは全くなく、面全体のどこにも境界がない。まことに奇妙な曲面である。

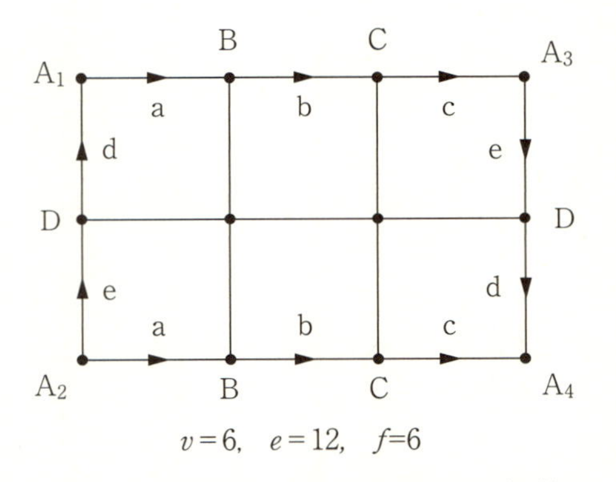

$v=6,\quad e=12,\quad f=6$

図 7.6　クラインの壺のオイラーの標数

クラインの壺が奇妙なら、それと同じ意味でメービウスの帯も不思議なはずであるが、こちらはあまり有り難く思われていない。人間えてして、身のまわりのものは、そまつにしやすい……ということであろうか。

なおクラインの壺という境界のない二次元多様体は、メービウスの帯と同じように向きづけ不能であり、オイラーの標数は球面と違って零になる。図7.6にそのかぞえ方の1つの方法を示した。大文字で同じ文字のものは同じ点を表わし、小文字で同じ文字の使ってある部分は同じ辺を意味するわけである。上下の線が合わさって円筒形になることによりA_1とA_2およびA_3とA_4とが一致し、さらにこの円筒の端の2つの円周が合致することにより、A_1とA_3とが合わせられる。結局4隅のA点は同一点だということになる。こうして$v-e+f=0$と計算される。また$p_0=1$、$p_2=0$（クラインの壺は、空間を2つに分けることはない）であり、このため$p_1=1$となるが（$p_0-p_1+p_2=0$だから）、クラインの壺（図7.5のE）を見ただけで、一次元ベッチ数がいくらになるか……を判断するのはむずかしい。

射影平面

メービウスの帯のふちを、同じ向きにつないだのがクラインの壺であった。それでは逆向きにつなげばどうなるか。結果は1つの閉曲面が形成され、その多様体のことを**射影平面**という。平面というからには、なにか真っすぐな面を想像するが、どうしてどうして、とんでもないへんてこな曲面である。

この面もクラインの壺と同じように三次元空間の中に収まることはできない。だから模型化不可能だが、考えにくいことはクラインの壺以上である。射影平面の具体化は不可能だが、不可能は不可能なりに考えてみることにしよう。

図7.7のAは、射影平面の定義である。aとaとが矢印の向きに結びつき、bとbとがこれまた矢印のとおりにはり合わされる。もちろん境界は消えてしまう（消えるというよりも、初めからないのである）。では、強いて射影平面というものを組み立てるとしたら、一体どんな具合になるだろうか。

最初下側の（上側でもかまわないが）bをひとひねりして(そのときにはねじりおこし——お菓子の一種——のような形になる)、とにかく図に描かれた2本のbの一端（たとえばP）を合わせる。他端（Q）はそのままにしておく。そのときの模型は図7.7のBのようになる。要するに図Bは、図AのP点だけを合わせたところである。つまり風呂敷の対角線の両端の1組だけをくっつけたのがBであるが、それにしてはずいぶん深い（容器として具合のいい）形になっているが、そんなことは心配しなくていい。トポロジーは薄ゴムの幾何学である。さてそのつぎは……B図のa同士およびb同士をそれぞれ矢印の向きにはり合わせるのである。

絵をじっとみつめて……いやあ、それは無理だ、などと言っても始まらない。無理なのをあえて実行するのがトポロジー（というよりも数学一般）である。「無理」という言葉はあまりよくない。感覚的でない（あるいは常識的でない）と言い直したほうが自然だろう。とにかく数学というものは(それが感覚的であろうとなかろうと)、公理、定義、定理などに忠実に論理を運べばいいのである。

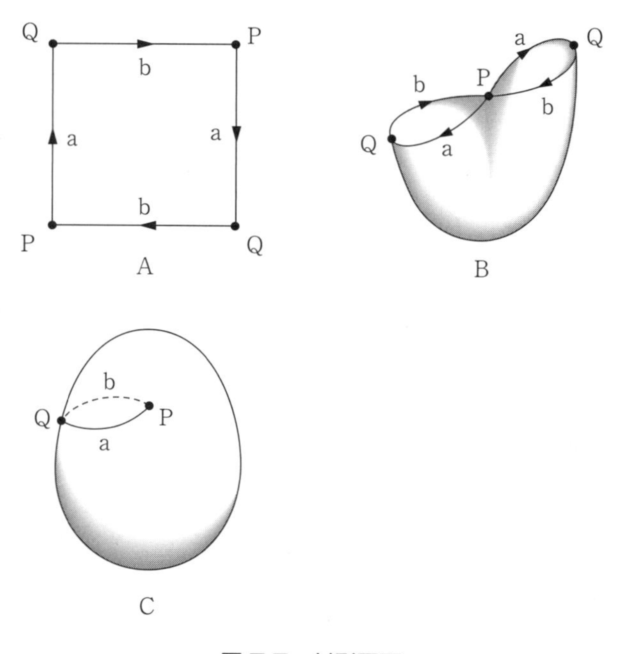

図 7.7　射影平面

　というようなわけで、B図から先はどうにもならないが、そこを強引にQとQとを合わせたのが図7.7のCである。P点とQ点とは、辺aと辺bとで結ばれているが……それ以上は説明のしようがない。初めての読者は、C図を見て、一体どこがどうなっているのか……と質問したくなるだろうが、どうにも答えようがない。元来C図、つまり射影平面は四次元空間の中に存在するものであり、これを三次元的に（言い換えれば、人間の感覚にマッチするように）描こうというほうが無理である。

クラインの壺の方は、穴をあけるという反則さえ認めてもらえば、まだ何とか図示することができた。しかし射影平面の方は、図7.7のC図以上にはどうにもならない。この図を見て「どうもわからん」と首をひねる読者も多いだろうが、心配いらない。わからぬものは、誰にもわからないのである。しかし図7.7のA図的な理解は必要である。つまり……射影平面とはどのように規定された曲面のことであるか、ということは常に念頭におかなければならない。

射影平面はクラインの壺と同じように向きづけ不能である。したがって裏と表との区別はなく、また空間を（球面のように）2分してしまう、ということはしない。しかしこのような事柄は、残念ながら図7.7のCを見ただけでは、何ともはや理解できない。このような意味では、射影平面はクラインの壺よりも始末が悪い。

不思議なつぎはぎ

射影平面を正方形（あるいは長方形）に描き表わしたのが図7.7のAであるが、見てわかるように周辺の矢印はababの順序で1周している。P点とかQ点とかの点は、射影平面が完成（？）されたあかつきには、特別に意味を持つものではない。だから射影平面を紙の上で図示するには、図7.8の左のように円周を描いてそれに矢印をつけてやりさえすればいい。そうしてこの円周上の最も離れた2点（直径が円周と交わる2点）が、同一点を表わすことになる。

射影平面のオイラーの標数を考えてみよう。一般に球面と

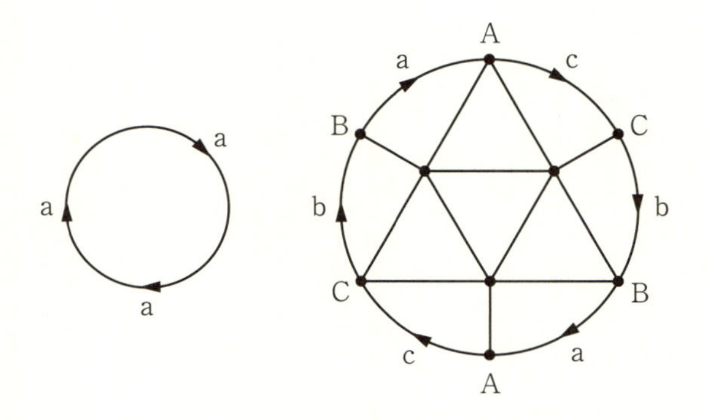

図7.8　射影平面の単体（左）と複体（右）

か円板面とかで、その中に区切りのないものを**単体**、あぜ道などをたくさんつくって、面分の集まりと考えたものを**複体**というが、オイラーの標数を調べる場合には、これまでの場合と同じように、単体を適当な複体に直してやる（述べる機会がなかったがもちろん、一次元や三次元の場合にも、単体、複体の言葉を使う）。そこで図7.8の右のように射影平面を分割してみる。同じ文字で描かれた点や辺は、同じものである。

繁雑さを避けるために記入しなかったが、文字を書き込まれたもののほかにも、図の中には3つの頂点と、12本の辺がある。なお面分は図で見るとおり10個である。したがって、オイラーの標数は$K=v-e+f=6-15+10=1$となる。

射影平面の性質は一応わかったから、今度はその面をつぎはぎする細工を考えてみよう。球面から円板面を除けば、残

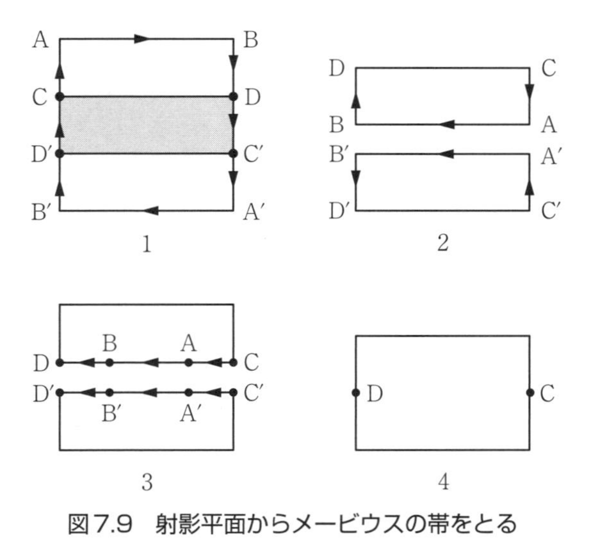

図7.9　射影平面からメービウスの帯をとる

りの部分も円板面である。またトーラスとは、図5.1（147ページ）で示したように2つのアニュラスのふちをそれぞれくっつけて、境界のない曲面にしたものをいう。そこで、このようなつぎはぎを、向きづけ不能な面について行なってみることにする。最初に、射影平面からメービウスの帯を取り去ったら、残りの部分はどんな曲面になるか……を調べてみることにする。ボール紙やゴム膜を持ちだしてきて、実地に試そうとしてもどうにもならない。このような問題では、紙面に（形式的に）描いた長方形を利用するのがいい。

図7.9の1は射影平面である。この面から、CDC′D′（図の網かけの部分）を切りとる。CDC′D′はメービウスの帯である。なぜなら両側（DC′とD′C）は逆向きにつながってお

り、はさみを入れた部分（CDとC′D）は1本の境界になっているからである。

メービウスの帯を取り去った残りの部分を同図の2のように配置する。同じ文字（もっとも一方にはダッシュをつけたがAとA′とは同じ点である）が合致し、しかも辺は矢印のとおりにはり合わされなければならないから、図の3のようにする。ゴム製の薄膜だから、2を3にするのは一向にかまわない。合成し終わったのが図の4である。図の4の長方形の周囲は、すべてはさみによってできた切り口になっている。四辺形も円も位相的には全く同じだから、結論として

（**定理**）射影平面からメービウスの帯を取り去れば、残りは円板面である。

ということになる。以上は引き算の定理だが、その逆のたし算も成立する。すなわち

（**定理**）円板あるいは穴あき球面の境界とメービウスの帯の境界とをくっつけると、射影平面ができあがる。

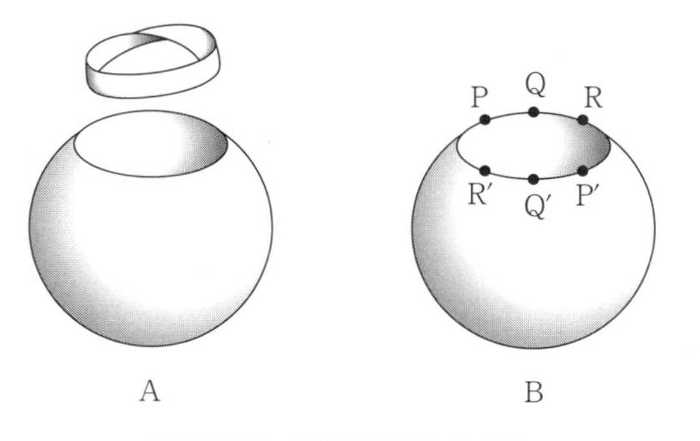

図 7.10　射影平面をつくる

メービウスの帯の境界は円周と同相である。だから理論上、球面にある穴とはり合わせ可能だが……実際問題としてどんな具合にはるのだ、と言って図7.10のAをいくらにらんでもどうにもなるものではない。

とにかく、穴あき球面に円板をはれば球面（向きづけ可能な境界のない多面体）になるが、メービウスの帯をはれば射影平面（向きづけ不能）になるのだ……と、自分に言いきかすほかはない。

なぜ射影平面というか

射影平面とは、円板面の境界を、互いに最も遠い部分同士をつないだような閉曲面である。もう少し具体的（？）にいうと、図7.10のBで、球面に穴があいているとき、PとP′、QとQ′、RとR′……などを、それぞれ結んだようなものが、射影平面である。

話が飛躍するようだが、図7.11のように無限に広い平面の上にガラス製の半球面があり、その中心に光源があるとしてみよう。半球面上の地図は平面の上に射影される。半球面上の点と平面上の点とは1対1の対応をしている……ということで一応話はすみそうだが、下に敷かれた平面の中に無限遠点をも含める……ということになると、そう簡単にはことがすまない。

無限遠点というのは、2本の（3本以上でもかまわないが）平行線の交わる点である。どれくらい遠い所にあるのか、などと聞かれても困る。十万億土の彼方とでも答えるべきだろうか。さらに、平行線が左右に伸びているとすると、交点は右側かそれとも左側のうんと遠い所か、と問われても返答に窮する。とにかく1つの方向に対して、1つの無限遠点が存在することになる。

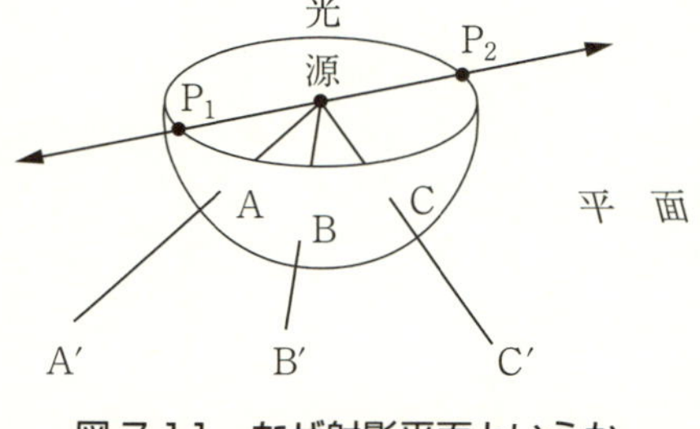
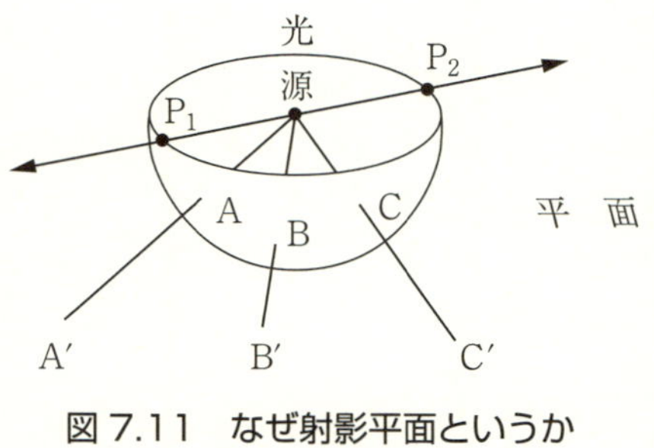

図 7.11　なぜ射影平面というか

ここで射影を図解した図7.11に戻ろう。半球面のふちにあたる点は、下の平面の無限遠点に射影されることは（たとえ無限というものを、われわれが自分の目で見ることができなくても）、十分理解できる。ところが……たとえば図のP_1とP_2の2点は、同一無限遠点に射影されることになる。境界円周上の、向かい合った2点が実は同一点……まさに、いま問題としている奇妙な曲面そのままである。だから、この奇妙な二次元多様体は、無限遠点までも含めた射影平面だ……ということで、実物は曲面であるにもかかわらず、射影平面と名づけられているわけである。

いまひとつ、射影平面の性質を述べておこう。2つのトーラス（ドーナツ面）にそれぞれ穴をあけ、その穴のふちをくっつけると眼鏡形の面（ジーナス2の曲面）になる。それでは2つの射影平面に穴をあけ、両者をくっつけるとどうなるか。意外に思う人がいるかもしれないが、クラインの壺ができあがるのである。図7.12を見ていただきたい。c_1とc_2とは穴であり（両者とも向きのあることに注意）、穴を向きの方向にくっつければ、図でみるとおり、クラインの壺ができあがる。このようなわけで、向きづけ不能な境界のない二次元

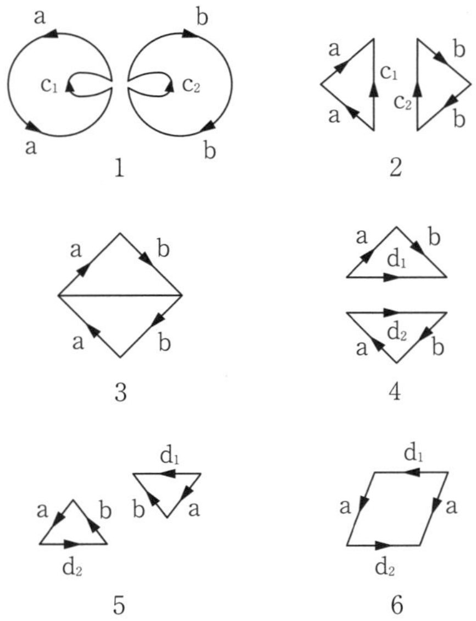

図7.12　射影平面からクラインの壺へ

多様体の、第1段階が射影平面であり、ある程度模型化可能のクラインの壺の方が、かえって第2段階なのである。

閉曲面の一般論

円板面とかメービウスの帯などのように境界のある面はさておいて、ふちのない、つまり閉じた曲面にはどんな種類のものがあるだろうか。球面から射影平面にいたるまで、ずいぶん妙なものが現われてきたから、これからもどんな奇妙な曲面が出現するかもしれない、全く油断ができない……と心配する読者もあるかもしれないが、それは杞憂である。閉曲面というものは、トポロジー的にみて（つまりどんなひねくれた考え方をしても）、そのすべては2つの系列にまとめられてしまうのである。

まず「たち」のよいほうの面（向きづけ可能な面）から考えよう。最初に球面が考えられる。その記号を$\boldsymbol{P}_0$としよう。これに1つのハンドルをつけたものを$\boldsymbol{P}_1$とする。図5.10のA、B、C（トーラス）や図5.11のA、B、Cはすべて$\boldsymbol{P}_1$である。一般にs個のハンドルをつけたものを$\boldsymbol{P}_s$とすると（これがジーナスsの曲面である。図5.2参照）、向きづけ可能な閉曲面とは、$\boldsymbol{P}_0$、$\boldsymbol{P}_1$、$\boldsymbol{P}_2$、…、$\boldsymbol{P}_s$、……の系列（数学的にいえば無限集合）につきる。これ以外の閉曲面は存在しないのである。

つぎに「たち」の悪い方の面（向きづけ不能な面）を考える。この場合も球面から出発し、面に穴をあけて、その穴をメービウスの帯ではり合わせる作業を行なう。穴1つのときは射影平面で記号を$\boldsymbol{N}_1$とし、穴2つなら（2つともメービウスの帯でふさぐのである）クラインの壺になり、これを$\boldsymbol{N}_2$と書くことにする。同様に穴3つなら$\boldsymbol{N}_3$、穴がs個なら$\boldsymbol{N}_s$とすると、向きづけ不能な閉曲面は$\boldsymbol{N}_1$、$\boldsymbol{N}_2$、…、$\boldsymbol{N}_s$、……の系列をつくり、これ以外にはない。このように全閉曲面はP系列とN系列とにまとめられてしまう。

$\boldsymbol{N}_s$とは$\boldsymbol{N}_1$をs個はり合わせたものだと思ってもいい。こんなわけで、$\boldsymbol{P}_s$や$\boldsymbol{N}_s$のオイラーの標数Kを計算することができる。また向きづけ可能な閉曲面の零次元および二次元ベッチ数はいずれも$p_0=1$、$p_2=1$だから、$K=p_0-p_1+p_2$から、p_1が求められる。向きづけ不能な閉曲面では$p_0=1$、$p_2=0$だから、これまたp_1が計算可能である。以上の事柄を表にまとめてみよう。

閉曲面の種類	$\boldsymbol{P}_0$	$\boldsymbol{P}_1$	$\boldsymbol{P}_2$	$\boldsymbol{P}_3$	…	$\boldsymbol{P}_s$
オイラーの標数　K	2	0	-2	-4	…	$2-2s$
一次元ベッチ数　p_1	0	2	4	6	…	$2s$
閉曲面の種類		$\boldsymbol{N}_1$	$\boldsymbol{N}_2$	$\boldsymbol{N}_3$	…	$\boldsymbol{N}_s$
オイラーの標数　K		1	0	-1	…	$2-s$
一次元ベッチ数　p_1		0	1	2	…	$s-1$

トポロジーの記号

これまではほとんど記号を使わなかったが、ここでトポロジー（あるいは幾何学一般）に使用されている記号を紹介しておこう。もちろん記号とは人為的な約束ごとにすぎず、それが本質的な意味を持つわけではないが、習慣的に使用されているものはそれだけの便宜さがあるからであり、これを知らないために他人との対話に困ることがある。

空間は（ドイツ語でRaumという）Rと書く。したがって(二次元空間)$=R\times R=R^2$、同様に三次元空間はR^3、n次元ならR^nとなる。ただし、Rと書いた場合には、ふつうはユークリッド空間（まっすぐな空間）を表わす。

多様体はMと書くことが多い。n次元多様体ならM^nである。M^1（一次元多様体）は円周と直線（直線、半直線、線分の3種類）しかない。M^2は$\boldsymbol{P}_s$（$s=0$、1、2、…）と$\boldsymbol{N}_s$（$s=1$、2、3、…）だけである。ただし$\boldsymbol{N}_s$のこともジーナスsの

大工さんは家をつくるが，数学者は空間を創造する。それが四次元であれ七次元であれ，数学者は苦にしない。しからばそれに用いる角材は？ 材料の知識に乏しい彼は，そこまでは考えなかった。

（向きづけ不能な、境界のない）二次元多様体とよぶ。M^2の分類がこんなに簡潔に整理されているのだから、M^3やM^4もさぞやはっきりとした組み分けができているだろうと思うかもしれないが、どうしてどうして、三次元、四次元の多様体は二次元のそれとは比較にならぬほど複雑であり、分類その他の問題に対して、なお未解決のまま残されているものが多い。どちらかといえば、高次元（M^5以上）のものの方が、よくまとめられている。

円周はS^1、球の表面はS^2、n次元球の表面はS^{n-1}になる。円板面はB^2、球体はB^3、n次元の球体はB^nと書かれることが多い。同様に正方形の記号としてI^2、立方体ならI^3、n次元超立方体はI^nとすることもある。B^nとI^nとは位相的には同等である。

このほかトーラス（ドーナツの表面）をT^2（T^2は結局、前節の$\boldsymbol{P}_1$に同じ）、射影平面をP^2（$\boldsymbol{N}_1$に同じ）、クラインの壺をK^2（$\boldsymbol{N}_2$に同じ）……というような表現法をする。

たとえばマイナスの記号を使って、B^2-S^1や、B^3-S^2は、境界だけを除いた円板面や球体を意味する。いわゆる開区間（開領域）とよばれるものであり、このような多様体は**コンパクト**でないと言われる。またR^nのような無限に広いユークリッド空間も、無限遠で閉じているとはいい難いから、コンパクトではない。これに対して、これまで調べてきたほとんどの多様体（S^2やT^2やP^2…など）は、定義された領域がすべて、しかるべく定義された点がギッチリとつまっており、こちらをコンパクトであるという。これまで対象がコンパクトであることを暗黙裏に認めて話をすすめてきたが、正確な論議をするためには、コンパクトという言葉は非常に重要であり、最初に規定しなければならない概念である。

$R \times R = R^2$と同じ思考法で、$S^1 \times S^1 \Rightarrow T^2$となる。つまりトーラスは、2つの円周の**積空間**である。三次元トーラス（ソリッド・トーラスとよぶ。それがどんなものか、感覚的には全くわからない）を調べるには、$S^1 \times S^1 \times S^1$を足がかりにすることになる。また、もし線分を$l^1$、アニュラス（レコード盤、円柱側面も位相的に同じ）をA^2とすると、$l^1 \times S^1 \Rightarrow A^2$となることは容易に想像される。積空間とは逆に、割り算で得られる部分空間は**商空間**ということになる。

トーラスを2つはり合わせたものがジーナス2の曲面（穴の2つあいたクッキー）になるが、はり合わせの記号をかりに

#で書くと、ジーナス2の向きづけ可能な閉曲面は$T^2 \# T^2$となる。この記号を使えば$P^2 \# P^2 = K^2$であり、また$P^2 \# T^2 = P^2 \# P^2 \# P^2$になることは、いささか面倒だが、図7.12の方法で証明することができる。

トポロジーの位置づけ

数学とは文字どおり数を扱う学問であるが、他方図形とかものの形を研究するのも数学である。両者は素朴な感覚では全く異質なもののように思えるが、図形もグラフも結局は定量化することができる……という意味で「大いなる」共通点があるわけであり、図形を数式化すること、あるいは逆に数式をグラフ化して視覚的に研究する方法は進歩し、数学という車を前進させる2つの車輪にもたとえられる。

ところで数学のうちでも図形の方の話になると、その由来は耕地の長さを測ったり道具の大きさを設計したりの必要性から始まったことと思われる。紙と筆との発明にともなって、畑でも道でも河でも山でも、あるいはさまざまな道具類などもすべて机上で縮小して描くことが可能になる。さらにはもう少し抽象的な事柄（たとえば図1.8のような人事関係）も、筆によって紙の上に具象化される。結局、紙の上に引かれた各種の直線、曲線が基礎になり、これを本書の第1、第2、第3章などで紹介したようなさまざまな様式で発展させていったものがグラフ理論である。

一方、線による図形（もちろん立体的に張りめぐらされた各種の線も含む）だけにはあきたらずに、線とは何ぞや、さらに面とは、立体とはいかなるものであるか……というように、空間（何度も言うように、線も面もあるいは多次元空間も広義の空間である）の性質を直接に研究してやろうという意欲がもち上がってくる。このような研究の傾向は、もはやグラフ理論とはよべないだろう。グラフという概念の枠からはみだした指向であり、この指向を整理し法則化したものがトポロジーにほかならない。トポロジーを狭義に解釈するならば、文字の分類、迷路、一筆がき、さらには円板面とか球面とかに限定された範囲でのオイラーの法則や多色問題はむしろグラフ理論の分野に入れるべきものであり、トポロジーとは多様体そのものの研究が主眼になり、向きづけ可能か不可能か、あるいはその多様体でのオイラーの標数はどうなるか……などという、空間の本質の研究に話はしぼられていく。

しかし、以上は全く純粋主義（？）の思想であり、トポロジーという言葉にもっと大きな許容性を持たせれば、多色問題や一筆がきをはじめ、ほとんどのグラフ理論もトポロジーの仲間入りをすることになろう。「中学校で、はやくもトポロジーを勉強している」というのは、以上のように広義の解釈によるものである。

いま1つの問題として、最近は数学のあらゆる分野で**集合**という概念が使われるようになった。小学校の算数にさえも登場してくることは、よくご存知のとおりである。具体から抽象へ、手先の計算から思考へ……の傾向の現われだと著者は思うのだが、この集合という考え方もトポロジーのいたるところで駆使されるのである。ふつうに言う三角形の集合よりも、トポロジーでの三辺形という集合の方が、はるかに広範囲であることは容易に理解していただけると思う。図4.2

（117ページ）の互いにホモローグなものとか、図4.4のホモトピーなども、結局は集合という思想が基礎になっている（もっとも、これらの場合には群という言葉でその概念を正確に表明しているが……）。また図4.5の変換あるいは射影なども、集合と集合との対応関係を明らかにしたものである。トポロジー的に同等という言葉の中には、そこに1つの集合が規定されていると考えていい。

整数の集合や偶数の集合など、個体の集合は比較的理解しやすいが、図形の場合にももちろん集合という考え方は存在している。前節の内容（たとえば向きづけ可能な二次元多様体の集合など）から直ちに理解されるように、集合（あるいは群）という思想を基礎にして（ということは、目で見るグラフばかりに頼らずに）、トポロジーの研究は推進されており、さらに今後における大きな発展が期待されているのである。

8 空間の神秘を求めて

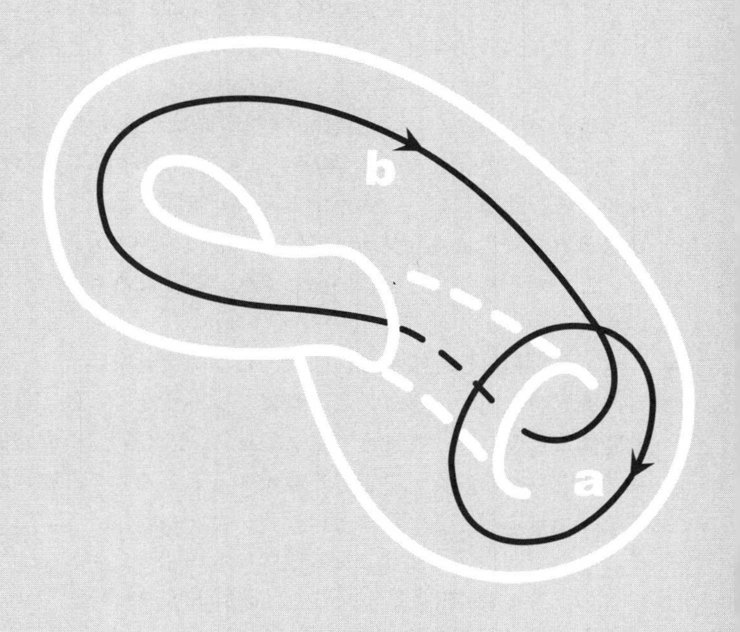

n次元球

トポロジーでは、射影平面だとかクラインの壺などといわれる、誰も見たこともさわったこともないような対象物をテーマにしていく。ということになれば四次元、五次元、n次元……の空間というのも、当然考えられていい。考えられていいどころか、とことんまで調べつくさなければならない。1、2、3だけを題材にして、4以上は放置しておいてもかまわない……などとする根拠はどこにもない。

とはいうものの、われわれの住む空間は三次元である。1、2、3、4、……とならぶ数のうち、なぜ3を神様が選んだのか、著者は知らない。始めから五次元空間であっても、それはそれでまたおもしろいではないか……という気もするが、ここでそんなことを言い出しても、どうなるものでもない。

もっとも相対性理論では、数式的には四次元空間（正しくは四次元時空間）を扱う。この世に一定不変なものは、長さや時間ではなしに、光速度である。3つの空間軸と1つの時間軸で形成される四次元の世界を設定することにより、物理的現象は正確に記述されることになる。だからと言って、空間そのものが四次元に変化したわけではない。

とにかくn次元空間というものは感覚的ではないが、かたちのうえでの記述は大いに研究されている。たとえばn次元球の体積（B^n）とその表面積（S^{n-1}）である。そんなものが計算できるはずがない……などとサジを投げだしてはいけない。球（三次元）の体積を求めた方法を踏襲すればいいの

である。半径rのときには

$$V=8\int_0\int_0\int_0 dz\,dy\,dx \qquad (8.1)$$

のような三重積分を実行すればよかった。ただし上限は、右から$\sqrt{r^2-x^2-y^2}$、$\sqrt{r^2-x^2}$、rである。

同様にn次元球の体積ならq_1、q_2、…、q_{3n}の$3n$重積分を行ない、定積分の上限は$(r^2-q_n{}^2-\cdots-q_2{}^2)^{\frac{1}{2}}$、などのようにしてやりさえすればいい。

結果だけを書こう。なおn次元球の表面積（S^{n-1}）は、体積をrで微分しさえすればいい。これもついでに書くと、表のようになる。

n	B^n	S^{n-1}	n	B^n	S^{n-1}
1	$2r$	2	6	$(1/6)\pi^3r^6$	π^3r^5
2	πr^2	$2\pi r$	7	$(16/105)\pi^3r^7$	$(16/15)\pi^3r^6$
3	$(4/3)\pi r^3$	$4\pi r^2$	8	$(1/24)\pi^4r^8$	$(1/3)\pi^4r^7$
4	$(1/2)\pi^2r^4$	$2\pi^2r^3$	9	$(32/945)\pi^4r^9$	$(32/105)\pi^4r^8$
5	$(8/15)\pi^2r^5$	$(8/3)\pi^2r^4$	10	$(1/120)\pi^5r^{10}$	$(1/12)\pi^5r^9$

n次元球の体積と表面積

n次元立方体

つぎはn次元立方体I^nについて考えよう。第4章でも述べたように、多次元空間というのはトポロジー的な遊び、つまり現実から遊離したもの……というニュアンスが強いが、たとえそれが遊びであってもそれを徹底追求することによって、トポロジーという近代的な学問の底知れない興味をうかがい知ることが可能になるのではあるまいか。ところでn次元立方体というへんてこなものの1稜の長さをLとすれば、体積はL^nになることはすぐにわかる。問題はそれをとり囲む境界の、頂点、稜、面、…の数である。

n次元立方体（I^n）を囲む頂点の数を$\alpha_0(n)$、稜の数を$\alpha_1(n)$、面（これは当然正方形になる）の数を$\alpha_2(n)$、立方体（四次元以上の超立方体の周辺には、三次元立方体がある）を$\alpha_3(n)$、…というように書こう。サイコロを考えてみればすぐわかるように$\alpha_0(3)=8$、$\alpha_1(3)=12$、$\alpha_2(3)=6$である。それではI^4の周辺はどうきめてやるか。

I^1（線分）からI^2（正方形）を考える場合には、線分をそれと垂直な方向にLだけ移せばいい。そのとき掃除した面が正方形である。だから正方形の頂点は、もとの線分の頂点2の2倍（出発時と、到着時を考えるから）であり、辺の数は、線分の持つ辺の数（1個）の2倍と、掃除によってできる辺の数（これは線分の持つ頂点の数に等しい）との和$1\times2+2=4$である。

正方形から立方体をつくる場合は、図8.1の2番目を見ればいい。頂点は、最初の正方形と移動後の正方形でともに4個ずつだから、$\alpha_0(3)=4\times2=\alpha_0(2)\times2$。稜は最初の正方形が4、移動後のそれにも4、途中経過で4（これは正方形の頂点の数に等しい）であるから$\alpha_1(3)=\alpha_1(2)\times2+\alpha_0(2)=4\times2+4=12$となる。面の数は最初の正方形で1、到着後が1、途中経過でできるものは正方形の辺の数に等しいから、結局$\alpha_2(3)=\alpha_2(2)\times2+\alpha_1(2)=1\times2+4=6$である。

四次元立方体I^4（超立方体ということもある）をつくる場合にも、同様の手続きで遂行されると考えていい。サイコロ

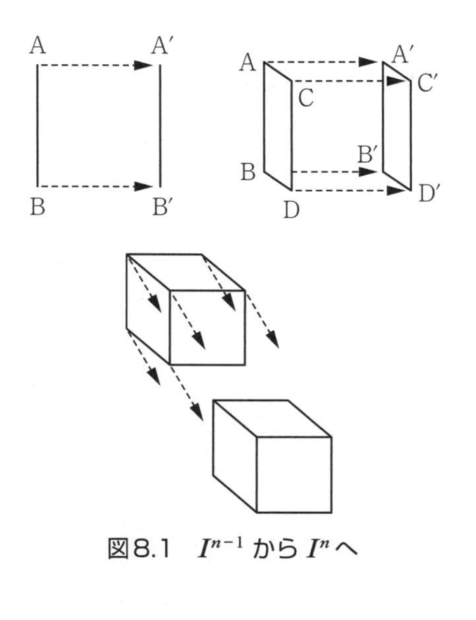

図8.1　I^{n-1} から I^n へ

を、第4番目の次元の方向にLだけ移動してやるのである。第4番目の次元とはどちらの方にあるのだ……などと探しても始まらない。サイコロの「立体」に直角な方向なのである。そうして、最初のサイコロと、Lだけ移動した後のサイコロとが、四次元超立方体の上底（？）と下底とに相当する。そうして、この超立方体の境界にある$\alpha(4)$の数は、「新しい次元の方向への、Lだけの移動」ということを考えると、当然

$\alpha_0(4)=\alpha_0(3)\times 2=16$、　$\alpha_1(4)=\alpha_1(3)\times 2+\alpha_0(3)=32$

$\alpha_2(4)=\alpha_2(3)\times 2+\alpha_1(3)=24$、　$\alpha_3(4)=2+\alpha_2(3)=8$

となる。以上の法則を一般的に書けば

$$
\left.\begin{aligned}
\alpha_0(n) &= \alpha_0(n-1)\times 2\\
\alpha_s(n) &= \alpha_s(n-1)\times 2+\alpha_{s-1}(n-1)\\
\alpha_{n-1}(n) &= 2+\alpha_{n-1}(n-1)
\end{aligned}\right\} \qquad (8.2)
$$

となる。交互に符号をつけて、$n=10$まで書いてみるとつぎの表のようになる。

n次元立方体をとり囲む複体の数

n	α_0	$-\alpha_1$	α_2	$-\alpha_3$	α_4	$-\alpha_5$	α_6	$-\alpha_7$	α_8	$-\alpha_9$	計
1	2										2
2	4	−4									0
3	8	−12	+6								2
4	16	−32	+24	−8							0
5	32	−80	+80	−40	+10						2
6	64	−192	+240	−160	+60	−12					0
7	128	−448	+672	−560	+280	−84	+14				2
8	256	−1024	+1792	−1792	+1120	−448	+112	−16			0
9	512	−2304	+4608	−5376	+4032	−2016	+672	−144	+18		2
10	1024	−5120	+11520	−15360	+13440	−8064	+3360	−960	+180	−20	0

交互に符号を付けて和をとったものが、2、0、2、0、…と繰り返すのはおもしろい。

円板面と同相なものの複体のオイラーの標数$K=v-e+f$は1であったはずではないか。それなのに表で$n=2$の場合の「計」が零になっているのはどういうわけか……と言われるかもしれない。しかし、あの場合（オイラーの標数）と、ここでの合計というのとは少し違うのである。オイラーの標数は、内部の面をも考慮して計算したのだが、ここの表に挙げたα_sというのは、n次元立方体の「周囲」にできる$n-1$次元以下の複体だけを問題にしているのである。

不動点定理

トポロジーにおける入門的な話は、その概略だけは一応終わった。なんだ、トポロジーとはこの程度のものか、これだったらなにも大さわぎすることはあるまい、少したんねんに調べていけばおおよその事柄は判明するだろう……などと考えたら大間違いである。世の中、そんな甘いものではない。これまでの記述は、英文学の研究に対して、アルファベットを説明した程度にすぎない。

しかし、これ以上についてはもはや本書の埒外（らちがい）である。トポロジーについての研究心旺盛な読者は、ぜひ専門書を読んでいただきたい。ただ、トポロジーではどんなことが調べられているか、どんな研究が問題化されているか……などについて、2、3のものについてそのアウトラインだけを述べておこう。

図8.2にみるように、なめらかな水平面に置かれた材木（物理的にいえば剛体）の一部を激しく叩いてやる。そのとき材木はどうなるか。矢印で描かれた方（衝撃）の方向に、たまたま重心があれば、材木は力の方向に走りだす。しかし現実には、そんなうまい偶然は期待できない。重心を通らない力が剛体に加えられたら、剛体は重心のまわりに回転を始める……というのが、剛体力学の法則である。回転も始めるが、重心が力の方向に移動することもこれまた事実である。

とすると、図で材木の右側の方は、重心の移動（これを並進とよぶ）と、重心のまわりの回転という2つの理由から、（図の）上方に進むことになる。ところが材木の左側では、

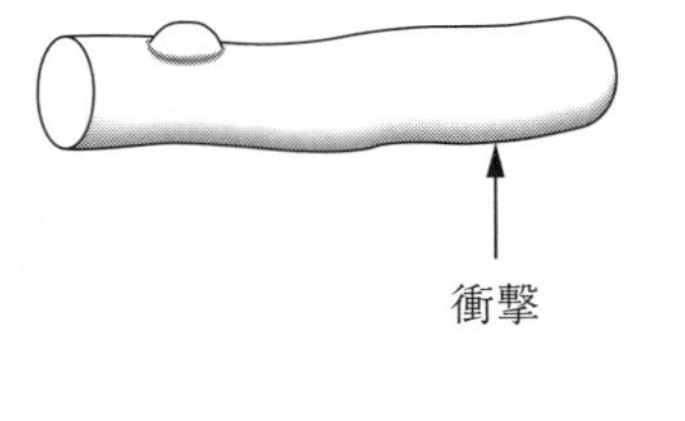

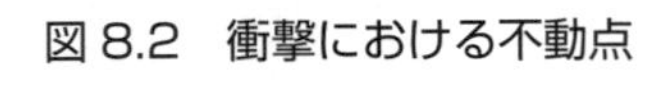

図 8.2　衝撃における不動点

並進として上方に、回転として下方に移動しようとする。ただし回転としての下方への動きは、左端に近づくほど大きい。こんなわけで、並進と回転との効果がちょうど相殺して、全く動かない点が存在する（動かないと言っても、これは衝撃を受けた一瞬間のことであり、やがてはこの材木は回転しながらどんどん上方に進んでいくが……）。この点を不動点とよぶ。

以上は力学的な話だが、トポロジーでも**不動点**というのを重要視する。トポロジーは伸縮自在なゴム膜の幾何学と考えていいが、空間を連続的に変形していったとき位置が不動である点が研究の対象になっている。たとえば、コーヒーをうまくかきまわすとき、上面に注目すれば中心点が不動点になる。もっともこれは理想的な場合であり、流体が乱流をしている場合には不動点を考えるのは容易ではない。どんなに荒れ狂う台風でも、その中心では風が全くないで青空が見えたりする。いわゆる台風の目である。不動点のアナロジーがそのまま成立する。薄ゴムを全く不規則に伸ばした場合でも、やはり不動点が考えられる。頭にはつむじがあるが、このつむじについても、不動点の理論がそのまま当てはまる。

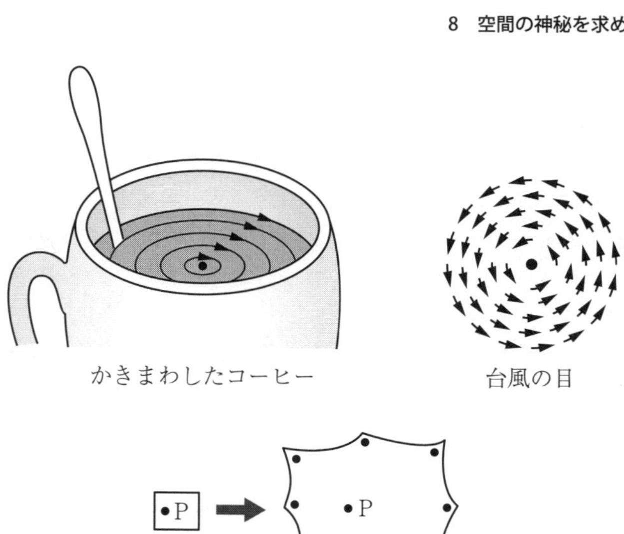

図8.3　不動点

トポロジーもろもろ

一次元は線であり、二次元とは面をいう。線と面とでは誰がどう見ても、全く違った対象物である。ところが、線をもって面を形成する……というようなことが考えられないものか、というのもトポロジーの問題の1つである。

著者は子どものころ、着物（要するに繊維）は糸からつくられるという話を聞いて、不思議でならなかった。糸は線であり着物は面である。かりに線から面を形成することが可能だとしたら、それにはぼう大な長さの糸を必要とするのではあるまいか。幅のない糸などを使って、一定面積の布地を製造するとは、ずいぶん「ぶ」の悪い（つまり不経済な、あるいは非効率的な）方法に頼るものだ、もっとうまいやり方は（始めから面積としてつくりだす法……たとえば革製品とか、あるいは現在のビニール製造のような方法）ないものかしらん、と思った。

疑問は疑問として、繊維は糸から作られることは確かである。そうして、原理的に考えてみると非能率のような気もするが、繊維がそれほど高価でもないところをみると、線→面の関係も、現実的には無理なく行なわれているようである。

この話がトポロジーの中にそのまま持ち越される。図8.4をみていただきたい。詳しい説明は省略するが、要するに正方形の中を折れ線でカバーしてしまおうというのである。正方形を、どんどん小正方形に分割していき、そのすべての中心点を通るように「線」を考えてやる。正方形の分割を極限までもっていったとき、この線を**ペアノ曲線**とよび、それによってカバーされる面を（さらには空間を）、ペアノ平面（ペアノ空間）とよぶ。1890年にイタリアの数学者ペアノによって提示されたものであり、彼の名にちなんで名づけられた。

ペアノ曲線をつくってみると、確かに正方形と「線」とは同等のようにみえる。しかしよく調べてみると（線をもって面を形成するのではなく、逆操作として面を線に直すことをしてやる）、線の中の点のうちの、2個、3個、4個の点までが、正方形の1点に相当していることがわかるのである。いわゆる1対1の対応であるとはいいがたい。こんなことから、

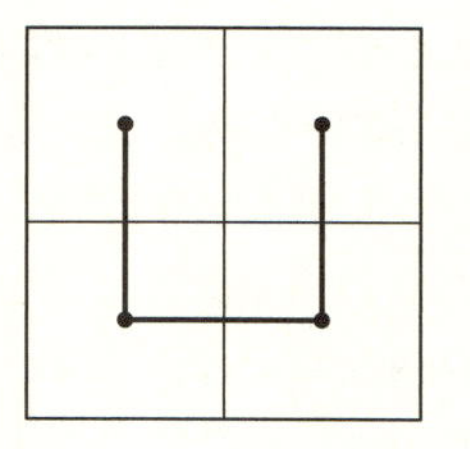

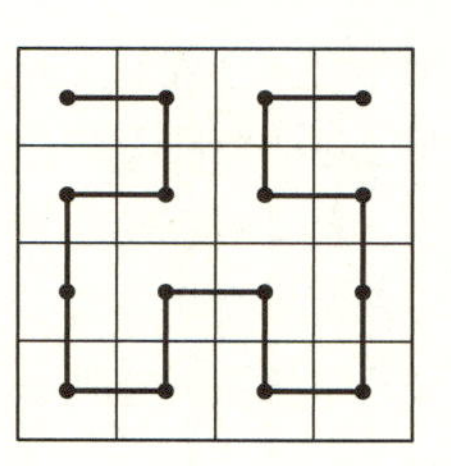

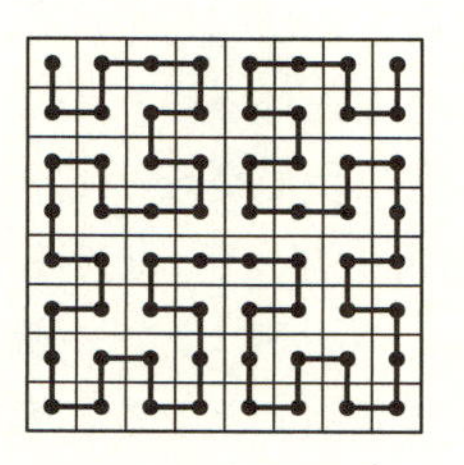

図8.4　ペアノ曲線

見かけ上、線がその極限において面になるように思われても、線と面とを同じ位相だというわけにはいかないのである。

次元が高くなると話はもっと複雑になってくる。曲面を複雑化していくことにより、立体（三次元）ができはせぬかという疑問が起こる。このように考えられる曲面は、ペアノ曲線の場合よりはるかにややこしいものであり、トポロジーの書物によくみられるような、複雑なチューブを幾重にもからませた図は（一見して、どこがどうなっているのやら見当もつかないような図が多いが）、このような研究から出発している。そうして、これまでに判明した結果だけを述べると、$R^2 = X \times R^1$（掛け算はいわゆる積空間の意味）なら$X = R^1$、同様に$R^3=X\times R^1$なら$X=R^2$であるが、$R^4=X\times R^1$の場合、Xは必ずしもR^3ではないのである。R^3とは違った、もっと複雑な空間（とてもグラフでは描きつくせないように、多くの面がからみ合ったような空間）もこの式を満足している。

このように三次元空間（および四次元空間）には、問題が山積みしている。たとえば二次元多様体（球面とかトーラスなど）は、三角形（あるいは四角形にも）分割できる。もちろんここにつくられた三角形というのは、正しくそれぞれの辺で交わり、辺は正確に稜で交わっている。

以上のことが、次元をもう1つだけふやした三次元多様体でもいえるだろうか。つまり、あらゆる意味での立体（三次元多様体）は四面体に分割できるか。簡単なようでも……これは大問題である。

六次元以上については、この問題は解かれているという。しかし三次元、四次元などについては、**三角分割の問題**（四面体などは、広義の意味での三角形である）はいまなお多くのトポロジスト（トポロジーを研究する人）たちにより、精力的な研究がなされている。

カタストロフィーの理論

トポロジーは新しい数学（というよりも幾何学）であるが、**カタストロフィーの理論**という数学の一分野が話題になりだしたのは、ついこのごろである。その提唱者はフランスの数学者ルネ・トムであり、さらにイギリスのクリストファー・ジーマンらによる模型が有名である。両氏とも来日の経験があり、日本のトポロジストに大きな影響を与えている。

特にジーマンは日本生まれであり、彼の父は横浜から客船でハワイに渡った後、行方不明になり、その話は小説化されたが、その消息は今も謎とされている。

昭和の初期、著者は子どもだったが、江戸川乱歩などの「探偵小説」を好んで読んだ。そうして多くの場合、最後の節、つまり犯人が逮捕されるくだりにおいて、見出しが「大団円」となっていたことを記憶している。今にして想えば、この大団円に相当する言葉がカタストローフである（昔は、必ずしも英語式の発音をしなかった）。大団円という日本語も、いささか時代がかった感覚のものであり、現代にはあまり通用しそうもないが、とにかく「終焉」とか「大詰め」とかいうほどの意味であり、否定的な意味での「打ちこわし」とか「破滅」などというニュアンスはない。語学に詳しい専門家のなかには、フランス語でカタストローフと言った場合には「不連続」というほどの感じが強いが、これが英語や日本語に転化されると、破局というような悲劇的な意味あいがぐっと強くなる……と説く人もいる。

トポロジーからさらに進んだカタストロフィーの理論は、破局などと悲壮がって考えるよりも、「不連続の理論」というほどに訳すのが妥当ではあるまいか。ともあれこの世には、よきにつけ悪しきにつけ不連続に事態が急変する例が多い。生物の急増殖、地震、パニック、暴動、戦争その他さまざまな事柄が考えられる。とくに最近の世相は、物価の急騰その他諸現象を考えてみると、いつ何どき、何事が起こるかもしれない……というような危機感が、多かれ少なかれ人々の心のうちに秘められているように思われる。このような世相をバックにして、カタストロフィーという言葉が（言葉だ

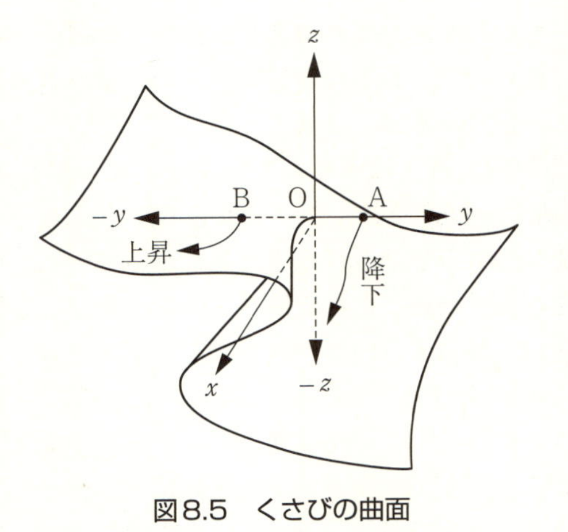

図8.5　くさびの曲面

けでなくその思考が）クローズ・アップされている。

トポロジーから前進した（いや文字どおりに不連続的に急変した）カタストロフィーの理論は、全く新しい部門であり、おそらく数学事典などにも（よほど最近のものでないかぎり）記載されていないだろうが、門外漢の著者にはとても手に負えない。したがって、そのパターンの1つだけを紹介するにとどめておこう。

図8.5は、カタストロフィーの理論を説明するくさびの曲面である。x軸（手前向き）、y軸（右向き）、z軸（上向き）を図のようにきめてやる。そうして、事態がこの曲面に沿って動くときには連続変化であり、曲面から曲面への「跳び」が不連続変化に相当する。

パラメータ

1モルの気体があるとする。その体積をV、圧力をp、(絶対) 温度をTとするとき、この3者の間の関係を式で表わしたものを状態方程式という。よく知られているように

$$p=RT/V \tag{8.3}$$

をボイル・シャールの法則といい、もう少し現実にそくした

$$p=\frac{RT}{V-b}-\frac{a}{V^2} \tag{8.4}$$

をファン・デル・ワールスの式とよぶ。とにかくいずれの実験式にしても、$p=f(V,\ T)$の形をしている。つまりpはVとTとの2変数関数である。

ところで、式 (8.3) にしろ式 (8.4) にしろ、温度は一定であるとして、圧力は体積の関数である……という「考え方」もできる。Vとpとの関係に主眼をおき、Tは一種の「つま」(さしみの「つま」のつまである) とみなす。Vが変わるとpはどう変化するか……に興味を持ち、ひと仕事終わったら、今度はTに別の値を代入して、そのときのp〜Vの関係を調べる……ということにする。こんなとき、Vは変数であるが、Tのことは (変数とよんでも悪いわけではないが) むしろパラメータという。変数もパラメータも、形式的には同一であり、要は考え方の違いである。

さて図8.5の説明になるわけであるが、このままでは $z=f(x,\ y)$と書かれる2変数関数のタイプになってしまうが、zはxの関数でありyはパラメータである、というふうにみなすことにしよう。たとえばあまりいいたとえではないがマージ

ャン、ルーレット、競馬などの話だとしてみる。x方向とは、マージャンなら強引に頑張る（つまり「おりる」などということをしない）ことを表わし、競馬などでは張った金の金額を示すものとする。zは勝ちあるいは「もうけ」の多さを表わす。このときパラメータ（yをパラメータとする）はそれなりに重要視されなければならない。yの値が大きい（図8.5では右側）ときはツキがない、逆に左に大きい（解析的な言い方をすれば、マイナスで絶対値が大きい）ときは、大いにツイていることを意味している。

ツキのないとき（たとえばA点）では、いくら努力しても、図の矢印のように曲面に沿ってさがる（損する）ばかりである。反対にツイている場合（たとえばB点）では、大きく張れば張るほど、勝ちは大きい（上昇、つまりzの値が大きくなる）。

同じマネー・ゲームでも、商品取引や株式相場での売買のように大規模のものともなれば、パラメータyは単なるツキとは言えまい。yがマイナス側に大きいとは資金量が大きいことを意味し、反対側は資金が少ないことを表わす。近頃ではあまり聞かれないが、ひと昔前の兜町や蛎殻(かきがら)町での決戦は、資金のあるものは相場を張れば張るだけふとり、はじめからおよび腰での信用取引では、張れば張るほど火傷は大きくなっていく……というのが定説のようであった。

連続から飛躍へ

yがパラメータのときは、$z=f(x;y)$というように；をつけて、xとyとは別の「立場」にあることを強調する。そうし

連続から飛躍へ。この世の中にも同様な現象は多かろう。毎日のたゆまない努力が，飛躍へのエネルギーの蓄積になる。そして……その障害を乗り越えた者のみが，生存競争に生き残れる。

てカタストロフィーの理論の図8.5での話は、zがxにどのように依存するかは、いま1つyという因子に大きく左右される……ということを示したものである。しかし、これだけではまだ不連続の話にはならない。

たとえ方がいささかややこしいが、くさびの曲面をプロ野球の選手の心情だと考えよう。そうしてこの話の時点ではシーズン・オフのできごとだとする。zが大きいとは、来シーズンもその球団で大いに頑張ろう……との意気込みだと考える。$-y$が大きいことは年俸が多いことを意味し、yが大きいことはむしろ減俸であるとする。そうしてxは、オーナーの

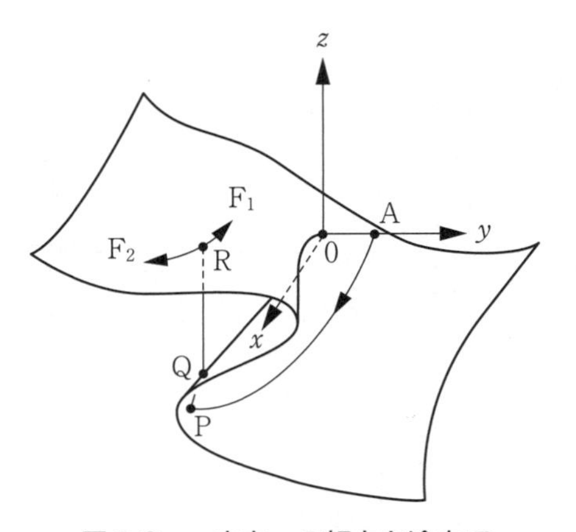

図8.6　x 方向への努力を途中で打ち切った場合

選手に対する「くどき」の量である。

まえのシーズンの選手の成績はそれほどでもない……しかしオーナーとしてはこの選手を手放すのは惜しい……という、いささかデリケートなところから、来シーズンに対する交渉は始まる。

球団としては、安く使えればそれに越したことはないから、図8.6のA点から交渉が開始される。選手は不服だ。オーナーの説得がだんだんと強まり、点はくさび曲面上を手前へ(つまりxのプラスの側に）動いてくる。年俸の額も多少は手直しされるかもしれない。点はx方向へ進むと同時に、わずかに$-y$の方にも曲がるだろう。

しかし人間は……感情の動物である。最初から球団が1,000万円を提示してくれたのならそのままのむが、700万円から出発して、不承不承に1,000万円までつりあがってきても、人間の意地が承諾を許さないかもしれない（もっとも、現代人はビジネス・ライクであり、ドライであるから、こんな古風な感情はこの話にはふさわしくないかもしれないが……）。かくてAから出発した点は図8.6に見るように、曲面上をさがっていく。つまり選手は、球団のガメツさに片意地になり、オーナーがくどけばくどくほど、働く気をなくしてしまう。

図のP点まで来たとき、さすがのオーナーもあいそをつかして、それでは勝手にしろと投げだす（ような態度をみせる）。今度は選手があわてる番である。王選手のように絶対有力なメンバーならいざしらず、ここで球団に見放されたら来シーズンからの自分がどうなるか、保証のかぎりでない。点はぐっとxの逆向きに走るが（オーナーのくどきがとぎれたから）、Q点にいたって（図8.6でははっきりしないが、これ以上xのマイナスの側に向かうと、曲面からはみ出さざるをえない……ように、曲面はできているとする）、ここからR点にとびあがる。それ以外に（くどきが止まれば）$x-y$面においての点のいき所がない。Rにあがって、選手は「それで手を打ちましょう。来シーズンも働かせてもらいます」ということになる。決心がついて（つまりR点にまで不連続的に跳んで）、もう一度オーナーがくどけばF_2へ、そのままくどきがなければF_1へということになる。

以上はほんの一例にすぎないが、もっと多人数による社会的現象（ストライキ、騒動、クーデター、一揆など）も、同じパターンで説明できるという。そうしてこのような現象を、幾何学的な考察を基礎にして追究されたのが、カタストロフィーの理論である。

物理現象のうちで、ことに多くの分子や原子の「かまいあい」によって生じる事柄を協力現象というが、このような協力現象をとり扱う物性論では、何らかの意味で不連続的な事態がみられる。固・液・気相の間の相互の変化、キューリー温度における磁気の消失、低温（絶対数度ぐらい）における電気抵抗の消滅や液体ヘリウムの超流動性など、かぞえあげていけばきりがない。そうして、このような相転移現象は物性物理学の重要なテーマであるが、数学的な計算からこの現象を量的に正しく算出するのは、意外とめんどうである。めんどうどころか、いまだに解決されていないものも多い。早い話が、なぜ絶対273度で氷が水に急変するのか、納得できる定量的な理論はまだ誰も提出していない。

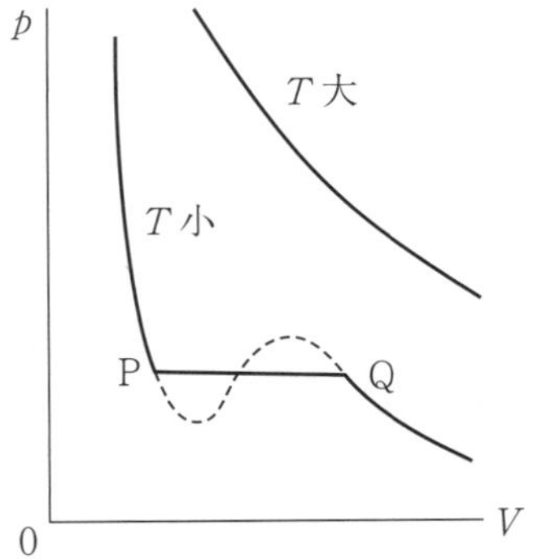

p / T 大 / T 小 / P / Q / 0 / V

図8.7　ファン・デル・ワールスの状態図

図8.7はファン・デル・ワールスの式（8.4）をグラフにしたものである。高温のときには上の曲線のように不連続点はないが低温（臨界温度よりも低い温度）では下の曲線のようになり、現実にはP（液相）とQ（気相）との間で、相変化が行なわれている。

カタストロフィーの理論が、このような相転移の問題にどれほど有力であるかは著者にはわからない。しかし、トポロジーという純粋な（あるいは抽象的な）幾何学から出発した話が、このような自然科学的な、さらには社会的な現象にまで発展していくことに、大きな興味と関心とが寄せられるのである。

索引

〈た行〉

〈な行〉

〈は行〉

〈ま行〉

〈や・ら・わ行〉

N.D.C.415.7　253p　18cm

ブルーバックス　B-2104

トポロジー入門（にゅうもん）

奇妙な図形のからくり

2019年7月20日　第1刷発行

著者　都筑卓司（つづきたくじ）
発行者　渡瀬昌彦
発行所　株式会社講談社
〒112-8001　東京都文京区音羽2-12-21
電話　出版　03-5395-3524
販売　03-5395-4415
業務　03-5395-3615
印刷所　（本文印刷）株式会社新藤慶昌堂
（カバー表紙印刷）信毎書籍印刷株式会社
製本所　株式会社国宝社

ISBN978－4－06－516605－5

発刊のことば

科学をあなたのポケットに

二十世紀最大の特色は、それが科学時代であるということです。科学は日に日に進歩を続け、止まるところを知りません。ひと昔前の夢物語もどんどん現実化しており、今やわれわれの生活のすべてが、科学によってゆり動かされているといっても過言ではないでしょう。

そのような背景を考えれば、学者や学生はもちろん、産業人も、セールスマンも、ジャーナリストも、家庭の主婦も、みんなが科学を知らなければ、時代の流れに逆らうことになるでしょう。

ブルーバックス発刊の意義と必然性はそこにあります。このシリーズは、読む人に科学的に物を考える習慣と、科学的に物を見る目を養っていただくことを最大の目標にしています。そのためには、単に原理や法則の解説に終始するのではなくて、政治や経済など、社会科学や人文科学にも関連させて、広い視野から問題を追究していきます。科学はむずかしいという先入観を改める表現と構成、それも類書にないブルーバックスの特色であると信じます。

一九六三年九月　　野間省一